明韻

王世襄題

明韻

戊寅 十一

家青製器

明韵 II

田家青设计家具作品集

文物出版社

题　　签：王世襄

摄　　影：韩　振　田家青

绘　　图：李　旻　田家青　赵石超　木艺斋工作室

责任编辑：贾东营

责任印制：梁秋卉

版式设计：谭德毅

图书在版编目（CIP）数据

明韵 II：田家青设计家具作品集 . / 田家青著 . --

北京：文物出版社 , 2018.10

ISBN 978-7-5010-5769-6

Ⅰ . ① 明… Ⅱ . ① 田… Ⅲ . ① 木家具—设计—作品集

—中国—现代 Ⅳ . ① TS666.207

中国版本图书馆 CIP 数据核字 (2018) 第 225243 号

明韵 II——田家青设计家具作品集

著　　者 ／ 田家青

出版发行 ／ 文物出版社

社　　址 ／ 北京东直门内北小街 2 号楼

邮政编码 ／ 100007

网　　址 ／ http://www.wenwu.com

邮　　箱 ／ web@wenwu.com

经　　销 ／ 新华书店

制版印刷 ／ 北京雅昌艺术印刷有限公司

开　　本 ／ 787毫米×1092毫米　1/12

印　　张 ／ 15.5

版　　次 ／ 2018年10月第1版

印　　次 ／ 2018年10月第1次印刷

书　　号 ／ ISBN 978-7-5010-5769-6

定　　价 ／ 180.00元

目录

谈田家青和明韵家具

王世襄

《谈田家青和明韵家具》一文，据 1997 年前后北京电视台采访王世襄先生视频整理而成。今日捧读，先生音容，犹在眼前。与先生交往三十年，感念系之，因请冠印此篇于本书诸章之首并敬附拙文于后，恍然当年于芳嘉园与先生隔案对坐、把言欢谈情景，以志不忘先生提掖勉励之厚爱、殷殷期待之厚望。

我与田家青，是在我的两本书《明式家具珍赏》《明式家具研究》出版之前，也就是 1980 年之前认识的，这样说起来我跟他认识也有二三十年了。可以说，在比我年轻的一代人中，对家具艺术进行研究的，他是最执着、最肯下功夫、不求经济利益、实事求是、最有成就的一位。

我们认识之后，他当然也会受我的一定影响。我出了两本明式家具的书，如果再写明式家具，也找不到那么多的实例，确实很困难；同时我爱好的东西太多，又是家具、又是漆器、又是竹刻、又是其他的各个方面。清代家具我也研究，但没有深入下去。田家青就跟我商量，说他也想写一本书。于是他就研究清代的家具了。

可以说，在清代家具方面，他做了我没做的事情。《清代家具》是他的第一本书，在香港出版后，又出了英文版。

这么说吧，虽然他本心是喜欢明式家具，但是因为清代家具还没有人写过，所以他选了这样的一个题目。可以说他得了很多益处，明代家具之后就是清代家具，终究有血缘的关系，研究清代家具能反过来进一步了解明代家具。天下的事物都是这样，互相有关联。比如说，清代家具年代比较晚，有些地方还可以追踪，比如广东的制作、江苏地区的制作，从清代家具可以分别它们的地区。那么反过来，这对研究明代家具的产地也会有帮助。

明代家具的准确断代是一个很复杂的问题。因为家具的制作，从明朝初年甚至早到宋朝，同一个做法延续了好多年。一件明式家具到底是明代晚期的，还是清代早期的，或是清代中期的，很难分辨，可是从有些细小的制作方面可以帮助了解。所以他研究了清代家具之后，反过来对他研究明代家具有帮助。于是他出版了第二本书《明式家具集珍》。这本书中讲了好多实例，而且有许多新的看法，也采用了清式家具的制作来跟明式家具的制作做比较，这就是"到前人所未到"，是下了功夫、研究后有心得的说法。

说起来，欣赏水平比较高的人，没有不喜欢明式家具的。论本心话，田家青是喜欢明式家具，所以他又回来，还是在明式家具上下功夫，这样就诞生了"明韵"。

所谓"明韵"，就是想自己做一些带有明代风韵风格的家具。可这绝对不是照抄，不是说我这有张明朝的桌子，我就一丝不苟地把它仿制出来，那是"仿制"，没有新意。他用的叫"明韵"而不叫"明式"，就是说：我不是照抄明式家具，而是要吸取明代的精神、风格，加上自己的创作、自己的体会，把它融化进去，它是明代的风韵。

他把自己个人的精神灌输进去，起个名字"明韵"。

这些年来，他设计并制作了一整套二十几件，这种做法可以说是独一

无二的。他做每一件，都先从小模型做起，小模型里头的榫卯结构，完全是按照真实的榫卯关系做的，按比例，可以拆开，看好坏；之后再做一个中号的，再做一个大号的。所以你说要指这么做卖钱，那赔了，赔死了！他为的是研究，为的是体现自己对明式风格的认识，还有把自己的东西加进去，这样就跟一般的明式家具不一样了，跟一般的仿制就更不一样了。

他为做这个家具，就一定要了解结构，要把每一个榫卯都按原大小制作出来，这方面又是我想做而未做的。我的前两本书中，榫卯结构是画出来的，我老伴儿花了多少年的工夫开夜车画的，很费力气。可田家青又进一步，他做真的，做真的实大的家具榫卯，而且得做得更细致，比画图更超了一步，这就又是一番功夫，这也是我所没做而他做了的。

他还亲自动手，研究做成各种各样的结构，再运用到家具上去，这样对榫卯结构的认识就更透彻。因为画图能摆上，但做实物，差一点儿就安不上了，这样对家具里头的结构、对榫卯又有进一步的理解。这是我知道的一般研究家具的人所没做的。当然，工匠会做，但是他没有花心思去研究，这又不同，对它的理解又缺少一方面。所以我认为田家青是在比我年轻的一代中，最执着、最有成就，而且是研究得最深刻的，身体力行，经过实践来做成的。

那么拿他做的家具来说吧，当然不见得每一件都很成功，里头有很成功的，也有自己觉得不合适的，将来再实践再修改，这都是应该有的事情。锲而不舍，一步一步来实践，这种精神就是研究的精神。他一年就做几件，这都是一种最高尚、最深刻、最直接的研究方法，很难得，是做学问的，我特别赞赏这一点，也就是研究的精神。我的一些朋友也来跟我探讨家具，后来有了知识之后就到处跑，做生意当了"倒儿爷"去了，那我们的关系就不一样了，做生意跟做学问是两回事儿，就不是同路人了。

我给"明韵"家具题了字，而且标明年代，每样就一件，有序注号，这都是很严肃的做法。这二十几件能代表他这几年来对明式家具的认识，是自己精神灌注的产物。但是，并不是现代人都能认识到这一点，那不一定。人都喜欢买古玩，你这个做得再好，是新的。可是这个新的跟新的又不一样。就拿这张案子来说（指王世襄先生与田家青共同设计的大画案），明朝没有这么厚的板儿，腿又那么粗，可它又有明朝的韵味，整个的精神还是明朝的，可明朝又没有这种造型的案子，而我们通过研究、设计，做了一件带有明朝味道的，但更为实用，更能利用这木料。很难能得到一棵大树，一块整板儿，又没有榫卯，搁上就稳当了，这也是一种创举。我写了一个铭文，在前边刻着，"损益明研"，就是拿明朝的再添点儿减点儿，加入我们自己的想法，也是一种实验，把它做成了。它不在"明韵"之内，可是它的性质和"明韵"是一样的，就是要把我们的思想、把我们自己的精神加进去，不是照抄明代家具，这样做才有意思。

总结来说，他研究了清代家具，回过来又对明代家具有了进一步的认识，再去实践，身体力行地去做。研究家具的学者，很少有自己动手去做的，而他这种做法、这种精神、这种研究，都是最踏踏实实、最见效也最能出成绩的。这是我对"明韵"家具的看法。我相信，这套"明韵"家具，将来会有人认识，而且它的艺术价值、它的历史价值绝不在真的明代家具之下。这是我的看法。

"明韵"这个名字，是他自己起的，不过我也很赞同。为什么不叫"明式"？"明式"好像样式就给固定了，而"韵"比较抽象，"韵味"有伸缩力，可容性就大了，这里头就能体现个人的精神、个人的思想。

制　新

田家青

研究古代家具，时间一长，见识即多，自然会对家具的优劣有自己的想法，同时也希望能将自己对家具的理解表达出来。而将此希望付诸实践，著书立说之外，最好的方式，莫过于自己制作家具。

王先生很早就萌生过设计制作家具的愿望。作为老一代学人，他注重的不是现世虚名，而是自己思想轨迹的历史留存。我们有一个共识：与书画、雕塑等艺术形式相比，家具才是更适于承载思想的艺术品。所谓"纸寿千年"，而以中式结构与传统工艺制成的硬木家具，由于其天然特质，几乎可以流传永远。比如，从某些传世明代坐椅的踏脚枨与地面距离的比例关系来看，经数百年使用，主体毫不松散，腿足磨损不过三至五毫米。我因此曾和他讨论，将来我们制作椅子，应把踏脚枨下的腿加高一些，比如加高三至五毫米，这样，两千年至三千年之间经磨损达到最佳使用比例，五千年后才会磨损到踏脚枨。这也成为我后来制作家具的原则：桌、椅、案等，腿长均增加五毫米。如此漫长的藏用寿命，足以将蕴含其中的思想寄达遥世后人。

传世古代家具，镌刻文字的极少，篆刻款识的则更少。因此，他曾对我说："我们要是制作家具，一定要刻上款识。我打算篆刻上'世祥'字款，寓意世界祥和，万事祥和，这两字的拼音字母与'世襄'是相同的，你看不错吧。"这是 20 世纪 80 年代末的事。

20 世纪 80 年代后期，包括紫檀和黄花梨在内的世界各地所产珍贵木料陆续进入中国，大批仿制古典家具的活动从此开始。但所见仿制品，从工艺到结构大都极为粗糙，造型更是俗恶不堪。

从那时直至今日，社会上制作硬木家具，很多并不遵照传统技法，因而做不出好家具，就拿木料夸口说事儿，以致把紫檀和黄花梨的木料价格炒得很高。家具制作看似简单，其实不然，中国传统家具本身，尤其珍贵的硬木家具，有相当的制作难度。诸般名贵木料进入中国后，很多人自以为有把斧子就能做家具，因此一哄而上，其中一些人则摇身变成家具制作商，而其产品从理念到制作方法再到法度形式，都与中国传统家具相悖逆。因此从任何角度讲，此类家具制作都是在破坏资源。

依我和王先生的理解，家具用料并非最重要。

评价家具制作有五要素：

第一，境界。即家具是否融入了人的思想，能否代表人的精神。

第二，艺术水准。一件家具，线条比例关系要美，有承传，不可臆造。

第三，结构。中国传统家具之所以伟大，原因之一就在结构的可靠。外表看着和传统家具一样，但里边的结构是否一样，真正能弄清楚的人并不多。一件好的家具，其结构无懈可击是最起码的要求。

第四，工艺水准。切忌"表面光"，而是内修外美，神完气足。

第五，木料的优劣。如果前四项没做到，那么，木料再好也是糟蹋浪费。

20 世纪 90 年代初，台湾锦绣出版公司对此事很感兴趣，来北京谈过方案。王先生那段时间非常兴奋，跟我谈了不少相关的想法，例如：

一、将家具作为承载思想的艺术品创作，着眼点放在历史上；

二、结构和工艺极致完美；

三、形成体系，能代表当代家具制作最高成就。

上述三点，也成为我日后制作家具的主导思想。

时光行至 1996 年，王先生有机会得到一块大花梨板，终于设计和打造了那张被社会誉为"中华世纪大案"的大画案，圆了他设计制作家具的梦。

在设计之前，我们不约而同，想到了几乎完全相同的造型思路，如独板、裹圆边、圆足、四腿八挓、夹头榫，他也画了一张草图，但唯独牙子我和

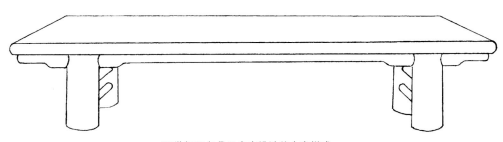

20世纪90年代田家青设计的大案样式

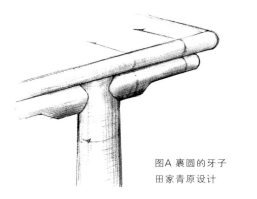

图A 裹圆的牙子
田家青原设计

图B 平直的牙子
王世襄原设计

他有分歧。我认为大牙子也应裹圆，这样才能与裹圆的案面相呼应（图A）。但他坚持制成平直的（图B）。我说这样就"不交圈"了，他说"到时候就交圈了"（"交圈"，家具设计中常用的行话，表示结构形式或线条都能连结得上，相邻的部件造型风格一致，和谐统一）。为此我与他争辩了几次，他并不正面解释怎么"到时候就交圈了"。到了制作后期，我真有点急了，某天晚上跑过去，告诉他，明天要开榫，若再不裹圆，要改可改不成了！他诡秘地笑了笑，举手胡噜胡噜头，看来胸有成竹。我真是丈二和尚摸不着头脑，只得按平直的制作了。直到大案打造完毕半年之后，待刻款之时，我才恍然大悟：设计时，他心里早已计划周详，若此案制佳，他要写一篇长铭文，满刻在牙子上。若牙子裹了圆，就无法施刻，而且，平直的牙子篆刻文字后，自然也就饱满起来，与案面边的裹圆自然就交了圈，甭提多完美了。其实这也是他平时做事的一个习惯：没有把握的事，事先绝不妄言许诺、张扬吹嘘。

1997年，我确立设计制作家具的基本思路：以艺术品的标准进行家具创作。做好足够准备后，我告诉王先生，我打算正式开始一个系列的家具设计制作的方案，总共二十件，包括各种常见的家具品种，有些还制作出小模型。他看后即表支持，说也来帮我琢磨，一定要给这个系列的家具起个好名字。

我喜爱古典音乐，听音乐的时候会去思考问题。有的家具设计构思的灵感，就是听音乐时获得的。音乐听得多，就能感悟到动人的音乐富有韵味，由此突然想到了"明韵"一词。我立刻告诉王先生，他闻声叫好，说："我给你写明韵的款识，以后就刻在你制作的家具上吧。"我当然很高兴，但回来想想，又有顾虑：担心人家会认为我拉大旗，用王世襄给自己充门面、吓唬人。过了几天，我就直言相告，因怕自己

王世襄先生为《明韵》题写的不同形式、不同字体的款识与"干支"纪年款和中文数字

做得不好，有累王先生的名誉，想自己写款。王先生听后一乐，说："第一，我估摸着你做的东西差不了，用不着拿这说事儿；第二，这么多年来，我们对家具有了共同理念，我当然也愿意参与留点记号。"最后，他眯着眼半开玩笑说："就算我沾你点儿光，你乐意不乐意？"

我特别感动，暗暗责备自己太小心眼、太小家子气。终王先生一生，从不爱麻烦别人，因而很能体谅受助领情之人的内心感受，可谓达到了某种助人的境界。

他又说："这套家具的款识，到时候一定要找傅稼生来刻，刻完后找傅万里做拓片，保准差不了。"

傅稼生先生是北京荣宝斋的老人，学木版水印刻版出身，是荣宝斋这一绝技最辉煌时期的学徒，他们刻过的木版水印属巅峰之作。傅先生不仅刻印木版手艺高超，且酷爱篆刻和书法，画宋元风格的绘画。他工作在荣宝斋，见过很多好书画，眼力极高。由他为王世襄先生篆刻的大案案铭，深得王体书法精髓，见过者人人称绝。

傅万里的父亲是我国老一代金石书画传拓大家傅大卣先生。万里是我多年的朋友，他子承父业，一手传拓的绝活令同行倾倒，在我所知范围内，还没有谁能达到如此境界。高手联袂，王先生说，这样就"配套了"。

过了些天，王先生写好款识。一见之下，令我大为感动。为了书写不同效果，他竟选用不同材质的纸写了一堆，明韵的"韵"字选了几个不同的异体字，铺了满满一桌子。另外，他认为明韵家具上一定要留下年号和序号，最好用干支纪年款和中文数字，这样才能与款识"明韵"形成书法上的统一。

紫檀架几，鐵梨面，莫隨世論俗，貴賤大材，寬厚自品，相高知物，相人此人鑒為。

家青製　款世襄製　書銘
癸未元月　時年八十有九

王世襄先生写的最后一件案铭

眼见几年间一件件明韵家具从草图、模型变为成品，他也非常兴奋。他对明韵第一号花梨八足圆墩、第二号紫檀扇面官帽椅、第十号裹腿大画案等给予了特别好评。我计划的第二十件，是一套向明式家具致敬的四出头椅和大案。他见到草图后很高兴，题写了"明之韵韵如何同旨酒醇且和"的款识，分别镌刻在这两件家具上。

明韵系列家具圆满完成，王先生鼓励我，一定要出一本书，而且书中应公布一些设计图纸。此书后由文物出版社和香港三联书店联合出版。付印之前，我拿出数码样本请他过目。书制作得相当精美，他很满意，说："当今恐怕没有多少人这么认真出书了。"又说："有了图纸就具备了学术性和历史性。不必怕别人照着仿做。"我回答，"就是给他们图，他们也做不了这么好。"他听后笑了。

在我印象中，王先生共为七件明韵家具写过铭文。《锦灰堆二堆》中刊载了一篇关于他为新制家具题写款识的文章，介绍了其中三件作品。在我印象中他一生只为一件传世的古代家具"清中期铁力木独板大案"题写过铭文，可知他对新制家具的重视。

在中式传统家具中，大型案类特别是画案的地位最高。这类案子属于不易造好的品种，尤其用材宽厚、造型创新的巨型大案，结构很难把握，比例关系的拿捏也足以考验设计者的本事。而气魄恢弘的巨大画案，更能承载设计者的个性与情怀，是其艺术修养、气质和境界的准确体现。有挑战的事就有意思，大案于是成为我最喜欢打造的家具。

王先生年届八十九岁时，不再出远门，但他仍时刻关心和惦记着我们工作室的研究进展、修复工作和新家具的打造。那时我萌发了一个理念，打破"人分三六九等，木分花梨紫檀"的成见，一反常规，用花梨和紫檀共同打造家具，将花梨和紫檀各自的特长发挥出来。例如花梨有宽大厚实的大板，可做案面，下部用紫檀墩支撑，如此打造出的大案，体态可以特别巨大，并有特殊的美感和效果。凡能用上这类巨形尺寸大画案的人，肯定不会是一般人，不仅要有财力，有气魄，还得有高堂敞轩陈设。我希望将理念传递给使用这样器物的人：世界和社会是由多元支承的。你有再大

的成就，再大的气场派头，也要有基础的支撑。故为人应宽厚，处世要豪爽。大案寓示着社会平等的精神。

我把这个设计理念告诉王先生，他一个劲地称赞说："这观念非常好。若打造出了大案，一定给我看看。"

某宫复建花园，将建成时，为配置家具来征求我的意见，并再三强调，修复之后，此处接待的将是超级VIP，各国国家元首甚至美国总统也可能到访，所以家具一定要格外珍贵，"贵人用贵物嘛"。时逢美国轰炸伊拉克，我建议：能否换一种思维、就用铁梨和紫檀来设计打造！贵在相得益彰。美国总统若来，更好，或许能开导开导他：世间强弱贵贱，本能和谐相处，何必非要选择征服？建议并未被接受。我告诉了王先生，他笑着说，他们哪有这等境界啊！

等到我们将第一件紫檀与铁梨合用设计的大案做好时，我把照片带给他看。当时他并未说什么，时隔几天后他将我找去，给了我一个写好的案铭："紫檀架几铁梨面，莫随世俗论贵贱，大材宽厚品自高，相物知人此为鉴。"

那天还有些感觉异样。三十多年间，王先生一向视我为家人，来时不需约，到门口喊一声"王先生"，推门就进去了，去时一招呼"走啦啊"，他不过"嗯"一声，这已成习惯。年迈后，也从未见他出门接送客人。但那天当我离开时，他说下去活动活动。窗外已是万家灯火，他随我从家中一直走进电梯，下楼来到院中，说："岁数大了，这个案铭中有的字写得有点儿散了，不知道以后能不能再写案铭了。我想了想，这个案铭中有'家青制案，世襄书铭'八个字，往后你要是打造了认为满意的、真可称得上经典的大案，就刻上这个款识吧。"我感受到薪火相传的郑重托付，也听出了信任和鼓励。

自此至今，我又打造了几张大案，对其中有几件也还算满意。但我慎重非常，至今没有在任何一个案子上铭刻这个款识。

此文摘录于《和王世襄先生在一起的日子》

生活·读书·新知三联书店，2014年

王世襄设计花梨独板大画案

案长 270 厘米　宽 91 厘米　高 82 厘米

此案有"中华世纪大案"之美称，设计制作参见上文"制新"。

此案用材花梨木，但纹理云烟幻化，与黄花梨在似与不似之间。

案之制式，基于明式夹头榫案体，又借花梨独板案面的自重，将其直接搭置在腿牙上，稳如泰山，又有明式搭板架几案的意趣。

材质：拉丁文学名 Pterocarpus soyauxii
俗称：花梨木

田家青原设计裹圆牙子大画案

案长 256 厘米　宽 104 厘米　高 83 厘米

与前述"中华世纪大案"同时构思设计，为姊妹篇，而此案的实物制作完成，则在十六年之后。

前案为刻写铭文，牙子呈平面，不与裹圆案面叠相呼应。此案则依明式家具通体须和谐"交圈"规律，将牙子制成裹圆，尽显饱满。

此案将铭文（榫卯间之思索）镌刻于大案面两短边上。

此案采用深色泽硬木，意在突出凝重、圆浑。通长的裹圆牙子与裹圆腿足以"蛤蟆肩"圆圆相抱。"蛤蟆肩"的尺寸较大，加之又有"挓"度（上细下粗），有一定制作难度。

两种设计思路，既分庭抗礼，又各能自圆其说，同调异趣，各臻其妙。君子和而不同，两案可为典范。

材质：拉丁文学名 Dalbergia louvelii
俗称：大叶紫檀

铁力木裹圆牙子大画案

案长 290 厘米　宽 95 厘米　高 83 厘米

用铁力木独板案面制作的与前例造型相同的大画案，粗犷木
纹的铁力木更显朴拙，另有一番意趣。

材质：拉丁文学名待考
俗称：铁力木

裹腿创新

中国古典家具有很多经典元素，如云头、裹腿、壶门、罗锅枨等，采用这些元素并赋予新的内涵，最终设计出全新样式和风格的家具，是作者探索的方向。

"裹腿作"，是木器家具仿竹器的一种传统作法，属于明式家具中较多见的一种结构形式。下列作品通过变体，使这种古老的结构形式具有了时代感，并衍生出新式样和新功能的家具。

这些家具的设计和创新，并没有偏离明式家具的核心理念，而是遵循其脉络和轨迹，使之具有全新的形式。

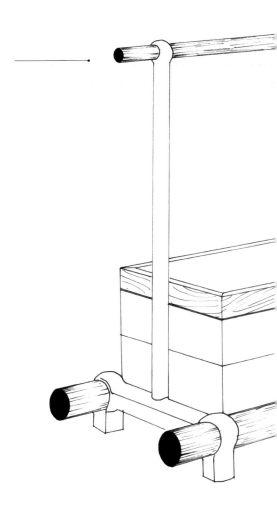

罗锅枨裹腿棋桌凳（三件成套）

桌　长 100 厘米　宽 80 厘米　高 54 厘米

椅　长 71 厘米　宽 46 厘米　高 37 厘米

这套以裹腿符号创新的家具颇具设计感。方形面和圆形腿为典型的"外圆裹方"，简约中彰显大美。传统的"圆包圆"裹腿与顶牙罗锅枨结合在一起，展现出了全新的时代特征。

此套桌凳使用新开发的一种非洲优质木材，质软、色白、无明显木纹，适合用来制作造型简约的器物，能使人的注意力集中于纯粹的造型美。除作围棋桌，亦可作茶桌之用。

材质：拉丁文学名待考

俗称：非洲白木

2010 年设计。桌面、凳面下方镌刻"家青制器"款识及"田"印记。

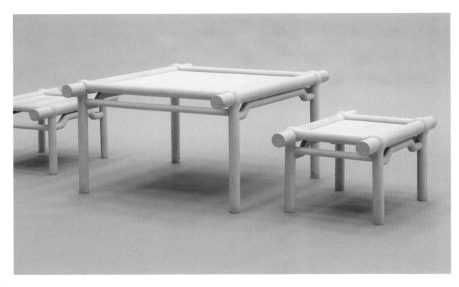
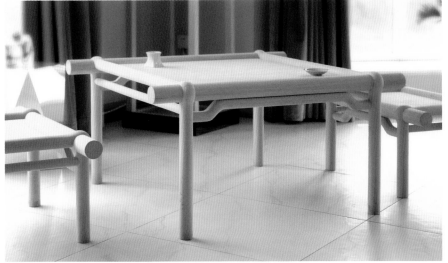

中华世纪坛，《器度》2015 艺术·家居大展。
背景绘画赵胥《清凉》，纸本水墨，140 厘米 × 170 厘米

花梨木裹腿条案

长 170 厘米　宽 52 厘米　高 83 厘米

利用"圆包圆"裹腿元素，采用传统榫卯结构及工艺，创新设计而成。此器所有部件选自同一棵树，术语称"一木一器"。案面心板为一片整板，两侧留有空余，富通透之感。此器各部件在长短粗细上均经悉心设计，充满简洁明快的现代感，能和谐陈设于现代生活环境中。

材质：拉丁文学名 Pterocarpus soyauxii
俗称：花梨木

2011 年设计。案面下方镌刻"家青制器"款识及"田"印记。

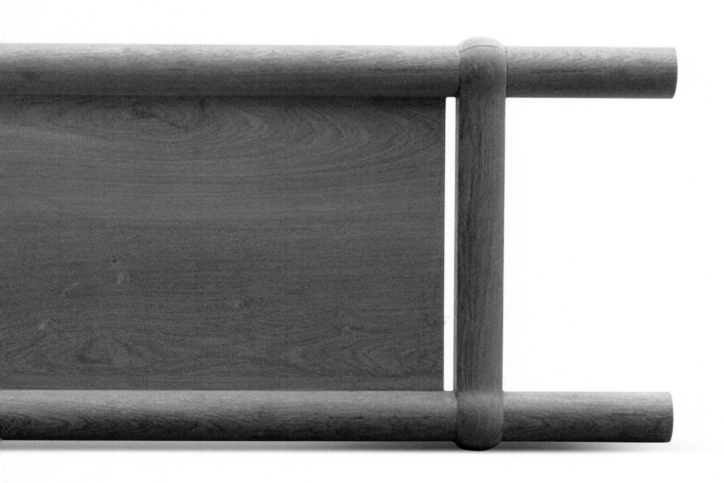

整件家具是用同一棵树木料制作
面板为整板

裹腿提盒

长 58 厘米　宽 29 厘米　高 52.6 厘米

提盒起源甚早，宋已有扛箱，形制与后之提盒近似。至今一千多年，提盒相当流行，传世的实物巨量，但近千年来提盒的主体造型未见变化，多是在装饰上变换花样（见下图）。近年来，见有一些新的提盒设计，多在传统提盒造型基础上变换部件的比例关系。

此裹腿提盒仍是传统结构式样，但在保留明式风韵的基础上，有实质上的创新，鲜明的时代感令人耳目一新。除了造型采用方圆对比，乌木和楠木两种木料在质地和色泽上的对比尤为突出，使之成为作者深为满意的作品。

材质：拉丁文学名待考
俗称：乌木、楠木

2010 年设计制作。底枨镌刻"家青制器"款识及"田"印记。

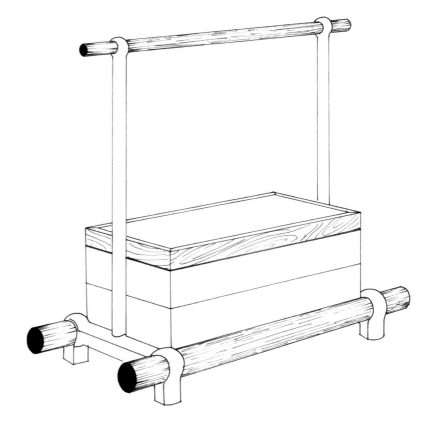

明末清初
紫檀木两撞提盒

明末清初
黄花梨镶嵌黄杨木龙纹提盒

18或19世纪
紫檀提盒

清
黑漆描金彩提盒

清
黄花梨嵌百宝提盒

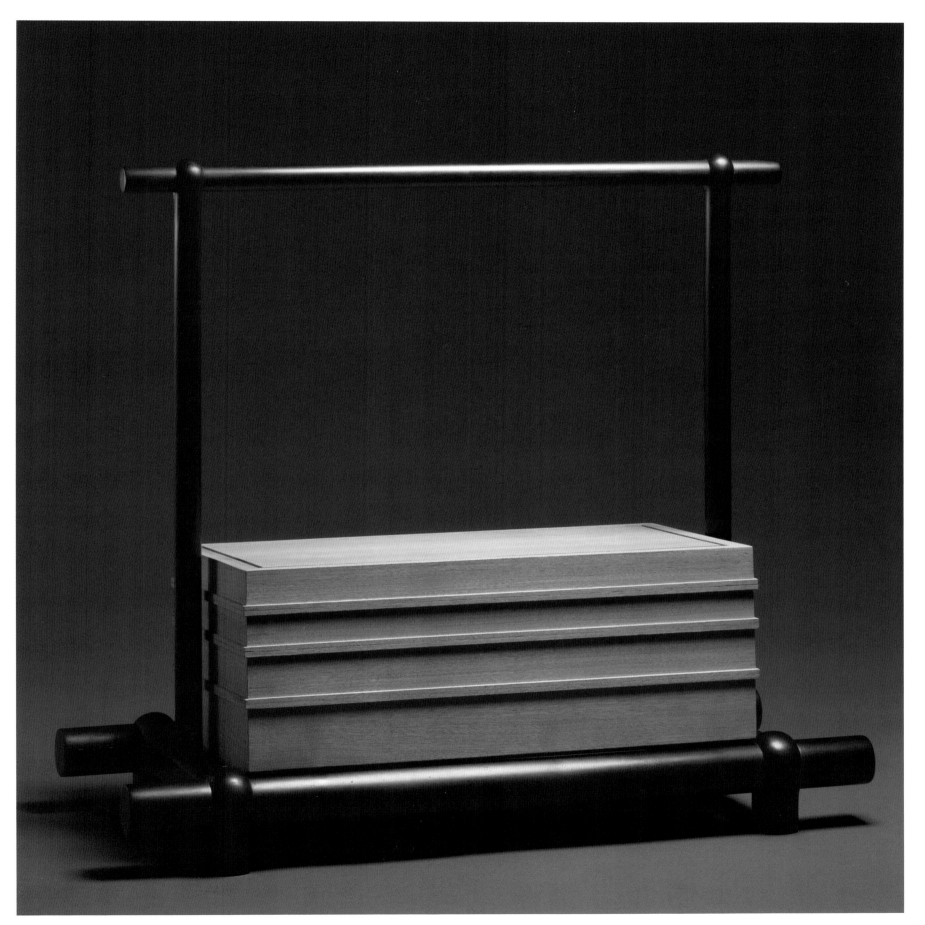

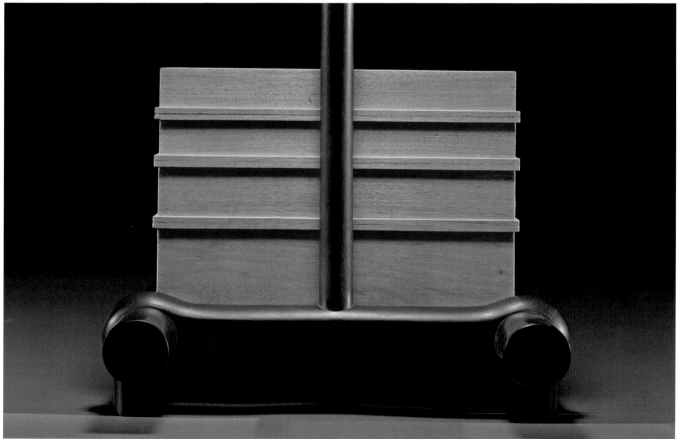

裹腿花梨变体小桌

长 168 厘米　宽 80 厘米　高 83 厘米

此件小桌采用"圆包圆"的裹腿元素，在传统的中式榫卯结构及
工艺的基础上设计创新，由桌面、桌腿两部分组成，可以活拿，
充满简洁明快、干净利落的现代感。

材质：拉丁文学名 Pterocarpus soyauxii
俗称：花梨木

2010 年设计制作。背面镌刻"家青制器"款识及"田"印记。

裹腿吊纸架

长 113 厘米　宽 48 厘米　高 91 厘米

传世的古器物中，似未见有挂吊宣纸的专用纸架，从已见到的诸多古籍插图中似也未见有吊或挂宣纸的器物，说明自古以来文房中并不设专用的宣纸架。但凡画家、书法家当有体会，当今有些宣纸并不平整，若未经吊挂一段时间并不好使用，为此，创新设计了这一新功能的文房家具。

材质：拉丁文学名 Dalbergia louvelii
俗称：大叶紫檀

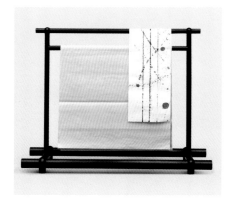

裹腿笔挂

长 57 厘米　宽 37 厘米　高 60 厘米

结构同纸架，只是在提梁下柚木圆横枨上设七根出头，用以悬挂毛笔，又是古代未有之新式样。

材质：拉丁文学名 Dalbergia louvelii
俗称：大叶紫檀

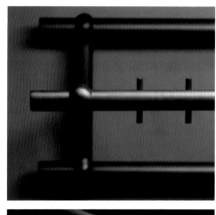

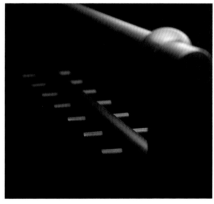

裹腿屏风架

长 72 厘米　宽 283 厘米　高 193 厘米

尺寸巨大，活插式结构，采用裹腿的"圆包圆"形式。简洁快利，有现代感。方足立地，承屏稳固。
屏风在席地而坐的年代就已出现，至清代达到鼎盛，历经千年而不衰。此案可与罗锅枨大榻组合使
用，更换不同屏芯，为使用者依照不同环境和爱好留有想象和发挥的搭配空间。

材质：拉丁文学名 Pterocarpus soyauxii

俗称：花梨木

2012 年设计制作。底枨下方镌刻"家青制器"款识及"囧"印记。

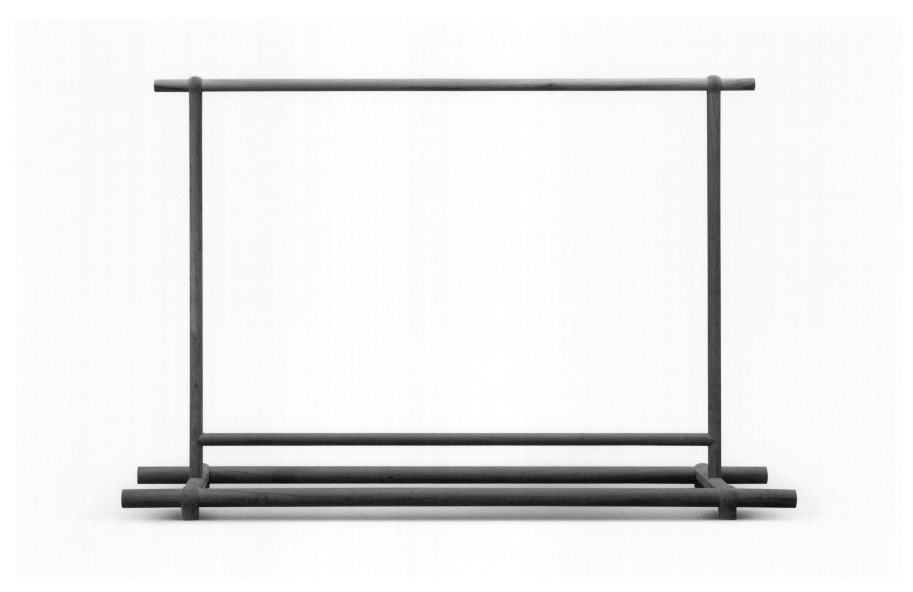

顶牙罗锅枨大榻

长 260 厘米　宽 160 厘米　高 55 厘米

罗锅枨支撑大榻面，四根腿足粗壮浑圆，落地稳健，豪爽大气。

此案与裹腿屏风架的组合具时代感，从器物设计到陈设方式都为这一古老形式赋予了新面貌，将其带入新的历史阶段。

材质：拉丁文学名 Pterocarpus soyauxii

俗称：花梨木

2011 年设计。牙子内侧镌刻"家青制器"款识及"囲"印记。

裹腿屏风架与顶牙罗锅枨大榻组合

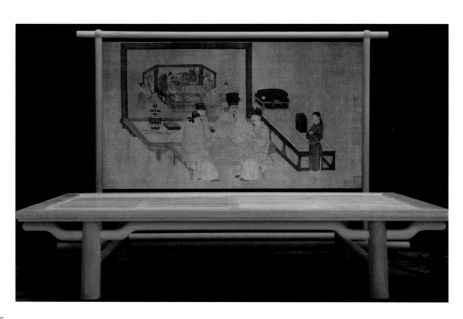 

书房琴房

方圆小书架

长 100 厘米　宽 33 厘米　高 32 厘米

此书架只有四个部件、开榫活插，结构至简，侧板可活插，可根据置放书
的多少而改变间距，极为实用。

造型巧用方圆、乌木与白木鲜明对比，表现现代艺术形式风格。

材质：拉丁文学名待考

俗称：乌木、白木

2013 年设计。书架底板背面镌刻"家青制器"款识及"⊞"印记。

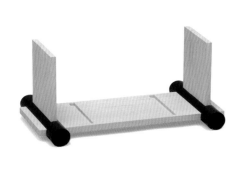
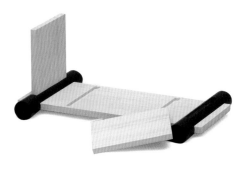
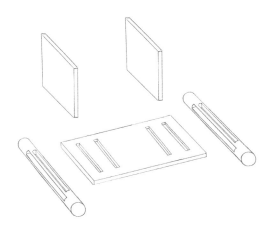

檀香紫檀书帖架

长 36 厘米　高 30 厘米

材质：拉丁文学名 Pterocarpus santalinus

俗称：檀香紫檀

黄花梨独板条桌

长 300 厘米　宽 120 厘米　高 82 厘米

黄花梨独板案面，无节疤，无开裂，纹理顺畅，色泽均匀，如此天物，殊为难得。故此不忍多动刀斧，背面只有边框处的四个卯孔（见下图）。曲形牙子大方直的桌腿之间，体现出一气呵成的畅快。

此案面正反面都有漂亮纹理，各面皆是有看头的"看面"。

材质：拉丁文学名 Dalbergia spp
俗称：黄花梨

2010 年设计。顶牙罗锅枨内侧镌刻"家青制器"款识及"囲"印记。

黄花梨独板，无节疤，无开裂，纹理顺畅，色泽均匀。业界有"一块玉"之美称。

棂格打洼式小画桌

长 120 厘米　宽 55 厘米　高 81 厘米

这是一件以"洼"线脚为主题创新设计的作品，所有看面的打"洼"相互呼应，造型简练，线条明快。在造型上借用了中式建筑中的"棂格"图案，玲珑而雅致，既保留了明式家具的高雅格调与文气，又呈现了当代艺术简约的韵律美。

中国传统家具称得上是"鼓"和"洼"的艺术。因为不管是多么复杂的榫卯结构，都在鼓面和洼面两个基本要素上变化和组合。而装饰线脚也不外是在"鼓"和"洼"基础上的变化。掌握好了变化规律，可以设计出牢固而机巧的榫卯结构、精美有韵味的家具，此为一例。

材质：拉丁文学名 Dalbergia louvelii
俗称：大叶紫檀

朱家溍铭紫檀圈椅

长 66 厘米　宽 73 厘米　高 106 厘米

圈椅，是中国最为传统和流行的家具式样，看似制作容易，但真能做好实为不易。传世的圈椅，有的文雅，有的呆板，有的霸气十足，有的充满灵性。

此件圈椅是"田氏"家具中很早的作品。用料精良，为早期油性较大的上等檀香紫檀，坐面为手编"胡椒眼"面席。背板刻有朱家溍先生的题铭，从其中的"凝神默坐，感通无为"一句，可见朱先生对此圈椅的喜爱和评价之高。目前已知朱家溍先生为家具的题铭仅有三件，此为其中之一。靠背板正面的铭文和背面王世襄先生题写的"家青制器"款识均由傅稼生先生镌刻，刀工流畅传神，本身就是一件难得的雕刻艺术品。王世襄先生生前曾有一句玩笑话："家青设计制作的家具，王世襄作的铭文，由傅稼生镌刻，傅万里做拓片就配套了。"

材质：拉丁文学名 Pterocarpus santalinus
俗称：檀香紫檀

1998 年设计制作。镌刻"家青制器"款识及"田"印记。

傅稼生先生是北京荣宝斋木版水印刻版传人，他不仅刻印木版手艺高超，且工篆刻和书法，画宋元风格的绘画，眼界很高。他曾为王世襄先生篆刻大案案铭，深得王体书法精髓，见者人人称赞。他采用刻中国式水印木版的工艺技法在硬木上刻字，堪称一绝，其使用的刻刀和雕刻的方式，皆与传统木工雕工不同。为了有更细腻的控制力，竟以手掌代锤，敲击凿刀，再硬的硬木全不在话下，令传统木器雕工们觉得不可思议，看得目瞪口呆。

傅万里先生在历史博物馆工作，父亲是老一代金石书画传拓大家傅大卣先生。傅万里先生子承父业，一手传拓的绝活令同行倾倒，其拓片极有韵味。

扇面大扶手椅

长 120 厘米　宽 55 厘米　高 81 厘米

扇形座椅的造型端庄优雅，多是成对或成堂陈列在
正厅，是家庭中的标志性家具，有传世的经典之作。
这类坐具曲线与曲面间的关系微妙，是很难成功把
握的一个品种。此器的设计思想是，既要保留端庄
凝重的古典韵味，又要融入明快的现代气息，使之
能和谐地陈放在现代生活环境中成为主导家具，传
递和展示出使用者的品位和修养。此椅亦经多年不
断改进完成，做工考究，用料精良，因是较早期作品，
表面已呈现紫檀特有的如牛角质的润泽包浆，是作
者最满意的代表作之一。

材质：拉丁文学名 Pterocarpus santalinus
俗称：檀香紫檀

2010 年设计制作。靠背板后右下镌刻"家青制器"
款识及"囯"印记。

背屏风

宽 172 厘米　高 157 厘米

这是一件专门为古琴演奏所设计的背屏风。古琴的音量很小，但古时仅是三两位知音心绪交流，声音也足够了，所以传世古代家具中未见到有这种为古琴聚拢声音的屏风。当今古琴成为演奏乐器，实践证明后侧放一背屏风对提升演奏音响效果有明显作用。

此背屏风造型简洁，颇有现代感，活插式结构，便于拆装。可搭挂不同屏心，形成不同画面，造就不同美感。屏心除装饰更有聚拢声音之功效，琴家可以根据不同古琴的声音特质，以及拟奏不同曲目的效果，换装软、松、硬不同材质的屏心，可以更好更精细地发挥古琴的艺术魅力。

材质：拉丁文学名 Pterocarpus soyauxii
俗称：花梨木

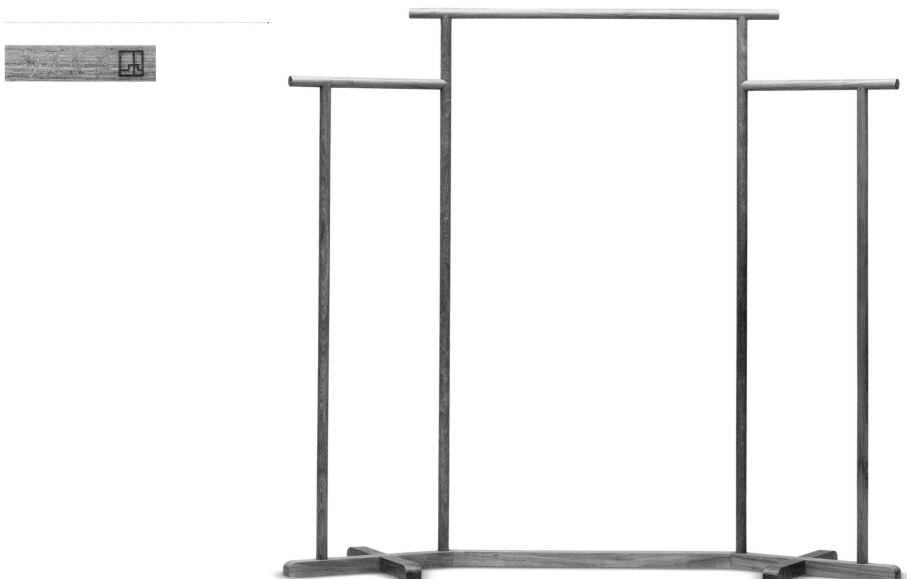

向古典致敬

　　清代宫廷家具以华贵、工艺精湛而著称，但也存在着装饰繁缛的弊病，如何取其精华、继承和发展是一个值得努力的领域，此章内的几件作品是近十年来作者的实践。

　　"乾隆工艺"俗称乾隆工，它有广义和狭义两层含义。狭义是指康、雍、乾时期，清代宫廷造办处以极其精湛、精密和精美的工艺所制造的各类器物所共有的特征；广义则是用以褒扬精工细作的中国古代及近现代工艺品的代名词。

　　这么多年来不少制造行业以不求极致、出粗糙工、糊弄、对付为主流，因为见过太多太好的"乾隆工艺"的器物，我对此深恶痛绝，因此一直在与这些现象作斗争。近些年来设计制作了一些繁复至极、精密至极的家具，其中一个深刻原因是想借此表达对古代工匠的尊重和崇敬，以及对当代社会普遍粗俗化倾向的厌恶。

拐子纹座墩大架几画案配拐子纹小宝座

案　长 306 厘米　宽 91 厘米　高 81 厘米

座　长 81 厘米　宽 104 厘米　高 108 厘米

清代宫廷家具为皇家御用，由于古今审美观的差别及环境的变化，与现代生活风尚有一定距离。如何在其基础上继承发展，使之成为今人能接受的艺术品，是作者多年探索的课题。

此架几案座墩和小宝座设计借鉴了清代宫廷家具常用的装饰题材——"拐子纹"，既吸收了"拐子纹"中规中矩的特点，又不过分繁复，而且使座墩按照完美比例分成上下两部分，由此增加了视觉上的变化，厚重不呆板，庄严不沉闷。设计得当的清宫风格的家具应可以和谐地融入现代风格装修的家居环境中。

此架几画案是用大叶紫檀木与花梨木搭配制作的巨器，用材宽厚，气魄恢宏，高雅脱俗。

材质：拉丁文学名 Dalbergia louvelii

俗称：大叶紫檀

材质：拉丁文学名 Pterocarpus soyauxii

俗称：花梨木

1998 年设计，2009 年制作完成。案面背面镌刻"家青制器"款识及"田"印记。

展览："家青制器——田家青作品特展"，时代美术馆，2009 年 8 月 20 日至 9 月 20 日，北京。

雕罗可可纹大挂笔架（之一）

长 83 厘米　宽 18 厘米　高 88 厘米

罗可可式风格，扇贝形枕首，取意圆明园西洋大水法遗物，嵌入搭脑正中，西番莲花叶枝蔓顺势向左右旋卷繁衍。

圆明园曾陈设带有西洋纹饰的家具，由于战乱原因，这些家具或流落海外，或残损不堪。本人历年多次接触这类家具，产生了按此风格制作几件家具的想法，并把重点放在图案设计和雕饰工艺上，使繁复的雕饰繁而不俗、繁而不乱。此次收录的笔架、香盒、有束腰大罗汉床即是此类作品。

材质：拉丁文学名 Dalbergia louvelii
俗称：大叶紫檀

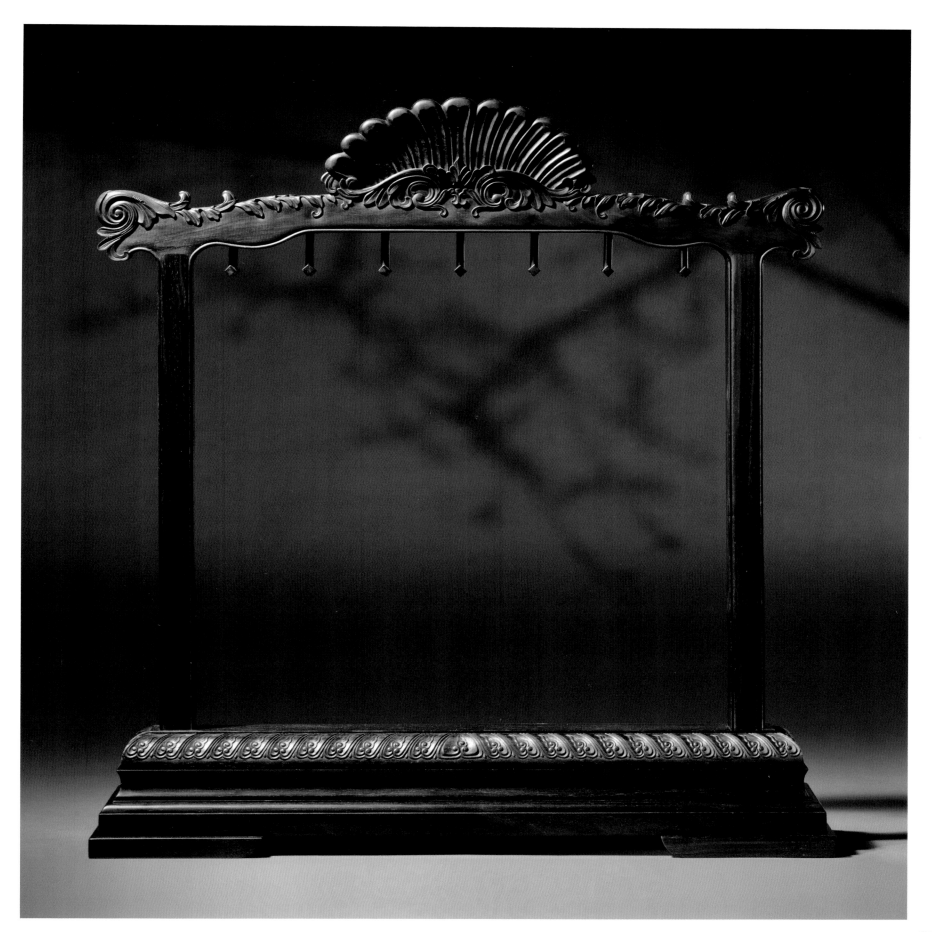

雕罗可可纹大挂笔架（之二）

宽 80 厘米　高 64 厘米　进深 13 厘米

材质：拉丁文学名 Dalbergia louvelii
俗称：大叶紫檀

宫雕盒具集锦

之一： 紫檀长方文具盒

天地盖，子母口。盒盖面浮雕几何长纹，先铲地起鼓，再行打洼，行家均知，纯手工雕饰，这类规矩的几何线条纹饰，极考功力。

盒盖以下光素，唯盒四角踩委角，口沿及底边起皮条线，亦打洼。

材质：拉丁文学名 Pterocarpus santalinus
俗称：檀香紫檀

之二： 紫檀方盒

长 25 厘米　宽 25 厘米　高 6.5 厘米

天地盖，子母口，下设底座。

盒盖面由陷地浮雕玉璧绦绳纹划分为四格，每格内再陷地浮雕古青铜器蟠蜍纹，四蟾聚首向中央，高古意足。

底座四周环匝变体蕉叶纹，卷动欲出，几成圆雕。

材质：拉丁文学名 Pterocarpus santalinus
俗称：檀香紫檀

之三：紫檀台座式香盒

宽 25.5 厘米　高 6.5 厘米　进深 25.5 厘米

此为专用香盒，盒内存放香料，上盖镂空，散发香气，是一件精致的案头用具。

此香盒以雕饰取胜，集中、西方图案于一体，工艺极其精湛，纯手工制作，却犹如机器加工般精密，但全无机器加工之生冷，有灵气韵味和人情味，乃手工工艺之最高境界。此器是一件向乾隆工致敬的作品。

材质：拉丁文学名 Pterocarpus santalinus
俗称：檀香紫檀

2014 年设计，盒底镌刻"家青制器"款识及"囲"印记。

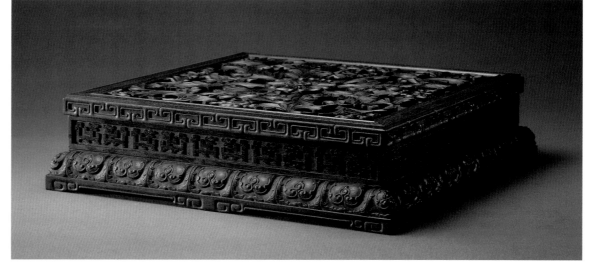

紫檀七屏风式罗汉床

长 162 厘米　宽 50 厘米　高 68 厘米

此有束腰罗汉床，纹饰精致，神采飞扬，显示了奢华的精湛工艺，可与清宫家具媲美，令人过目难忘。腿足和围子满雕西番莲纹，繁而不俗，灵动流畅，栩栩如生。床面藤编软席，繁密细致，手工编制，工整而富人情味，显示了深厚的制作功力和精湛高超的技术。此罗汉床的制作，耗时费力，超乎想象。

材质：拉丁文学名 Dalbergia louvelii

俗称：大叶紫檀

2006 年设计，2013 年制作完成。床腿门帘内侧镌刻"家青制器"款识及"田"印记。

三屏风古玉璧纹宝座式大罗汉床

这是一件设计较早的作品，曾前后制作了两件，第一件发表于《明韵——田家青设计家具作品集》第 20 号（文物出版社二〇〇六年三月）。此书出版之后，社会上见有很多的仿品，这也侧面证实了其成功。

此件为制作的第二件，最精彩之处是仿玉璧的雕饰件，在雕饰和细节处较第一件有细微的改动和完善，故此次再次发表。

材质：拉丁文学名 Dalbergia louvelii
俗称：大叶紫檀

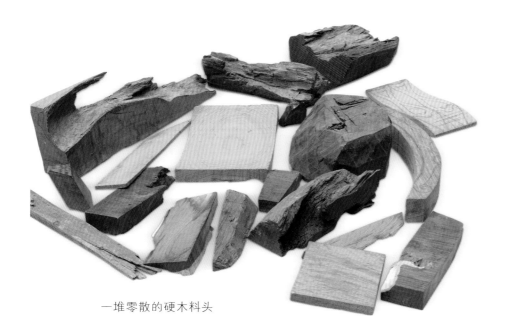

一堆零散的硬木料头

物尽其用

自古中国工匠惜料如金，讲究根据每棵木料量材使用。有故事说，制作完家具后，除刨花、锯末，剩下的木料仅够做筷子、牙签。不能说它没有夸张的成分，但从传世所见明式黄花梨家具上常见使用有"攒""斗"的部件，就是工匠不惜巨量工时，将极小木料拼接成较大的部件，可证明这种精神。

现今，制作硬木家具所剩下的料头大都被用去车成珠子、穿成手串，甚为可惜。

下面介绍的一些小件木器，全都是用不成材的下脚料设计制作的。每件分别根据残料的材质形状单设计制作，因受木料材质形状、大小的限制，往往要花很长时间构思，甚至比设计一件大家具还费劲。这些作品未必成功，发表目的更在于倡导惜料的精神。

祥云香插

长 20 厘米 宽 7.5 厘米 高 5.6 厘米

一块紫檀小料头，一块黄花梨小料头，随形巧妙组合而成。

材质：拉丁文学名 Dalbergia spp
俗称：黄花梨
材质：拉丁文学名 Pterocarpus santalinus
俗称：檀香紫檀

2013 年设计制作

小笔插

长 18 厘米 宽 12.5 厘米 高 6.5 厘米

随形修饰制成的小笔插。

材质：拉丁文学名 Dalbergia spp
俗称：黄花梨
材质：拉丁文学名 Pterocarpus santalinus
俗称：檀香紫檀

原始下脚料

奇石座

长 16 厘米

由一块随形小料头制成。

材质：拉丁文学名 Pterocarpus santalinus
俗称：檀香紫檀

水盂

直径 8 厘米 高 4.5 厘米

一块小木料头，制成小水盂。

材质：拉丁文学名 Pterocarpus santalinus
俗称：檀香紫檀

痒痒挠

通长 52 厘米

这原本是一条扶手椅靠背板裁余下的剩料，不忍弃之，发现其形酷似一弓身欲昂之蛇，恰好本人属蛇，于是引发联想，就其宽窄方扁弧洼之势，随形刮削，遂制成一痒痒挠，形似一昂首的蛇头，宛若天成。

手柄正面镌弥松颐先生为其手书的题铭："上也不是，下也不是，搔着恰当处，唯有自己知。"颇为有趣，亦很实用。

材质：拉丁文学名 Dalbergia spp
俗称：黄花梨

笔插

长 11 厘米　宽 4 厘米　高 11.3 厘米

料头残端，一半剖磨光润，打孔；另半任其天然，颇得劈岩半山之致。

铭文选自清伊秉绶隶书《云泉山馆记碑》："白云濂泉之间，有宋苏文忠公之游迹焉。盘谷乐独，峿台怀开。孰若云泉，南国兴焉。七子诗坛，传百千年。"

材质：拉丁文学名 Pterocarpus santalinus
俗称：檀香紫檀

画叉

通长 81 厘米

紫檀小料头，做叉头沿边起云纹，黄花梨做长柄纳入叉头内，用以摘挂或挑举书画。

材质：拉丁文学名 Pterocarpus santalinus
俗称：檀香紫檀
材质：拉丁文学名 Pterocarpus soyauxii
俗称：花梨木

镇纸

长 9 厘米　宽 7 厘米　厚 2.5 厘米

下脚料呈瓦片形，恰好随形制成覆瓦式镇纸，肥腴厚润；拱面雕拐子龙纹，背面亦铭《云泉山馆记碑》。

材质：拉丁文学名 Pterocarpus santalinus
俗称：檀香紫檀

臂搁

长 24.5 厘米

一片外皮下脚料，薄长而微拱，随其筋路形略施刮剔，抛光即成。

材质：拉丁文学名 Pterocarpus santalinus
俗称：檀香紫檀

笔洗

长 19 厘米

一块残料头，洼膛凹陷薄匀，边缘枯卷瘦皱，天然荷叶形，顺其形雕琢，
抛磨成为笔洗。

材质：拉丁文学名 Pterocarpus santalinus
俗称：檀香紫檀

小笔筒

高 12.5 厘米

紫檀挖空做笔筒，小树头残料，浮雕螭虎栩栩如生。

材质：拉丁文学名 Pterocarpus santalinus
俗称：檀香紫檀

大案情怀

"急就章" 大画案

长 290 厘米　宽 70 厘米　高 83 厘米

这是较早期的一件作品，为（明韵）系列家具之六（明韵系列总共二十套件），曾发表于《明韵——田家青设计家具作品集》。

多年来，几乎每件家具的设计制作都经过深思熟虑，有的甚至多年反复制作模型修改完善，而此件大案是个传奇的例外。当时，偶见一对三米多高的清代铁力木大门和几根粗壮的顶门杠，因饱经风霜色泽古朴凝重，就在见到它们的瞬间，一件圆腿大画案的造型就在脑海中浮现了出来，当即买下，拉回来，就在门板上用粉笔画了个草图就干了起来。门板作案面，顶门杠作腿，一切"跟着感觉走"，天时、地利、人和打造出了这件家具。

材质：拉丁文学名待考
俗称：铁力木

制作于 1999 年。

棂格打洼式大画案

长 313 厘米　宽 77 厘米　高 83 厘米

架几式大画案，座墩和案面大边用紫檀制作，案面面芯板为非洲花梨木整板。两种材料发挥各自所长，完美结合，在色彩上亦能和谐悦目。

此画案造型简练，线条错落有致，格调文雅，具空灵、静穆、闲逸之趣，尤以横竖直材攒成的架几最为精彩，空灵至极，横竖材看面"挂洼"，腿足看似纤细，因结构合理，实现了"立木支千斤"之稳固，体现出中式传统家具榫卯结构的精彩。

使用紫檀与花梨木料搭配制成巨器，是设计者打破世俗常理的一个实践：自古有"人分三六九等，木分花梨紫檀"极为流行的势利之说，而作者通过此两种木料搭配制成家具传达着相反的理念：如同人不应有高低贵贱之分，而两种木料，本来就各有所长，若合理搭配使用，同样可以打造出有品位的珍贵家具。不仅如此，气势恢宏的大案，还可以给人以启示：为人应宽厚，处事要豪爽。

如何让传统家具具有现代风格和时代美感，是作者经常思考的问题，这件大案的设计应是一个成功的实践。

材质：拉丁文学名 Pterocarpus santalinus
俗称：檀香紫檀
材质：拉丁文学名 Pterocarpus soyauxii
俗称：花梨木

2009 年设计制作。案面抹头镌刻田家青自题"二十一世纪九年设计制作"铭款，两座墩背面镌刻"家青制器"款识及"田"印记。

家青製器 凸

田家青作品特展

主办单位：中国嘉德国际拍卖有限公司

架几书案

"家青制器——田家青作品特展"，时代美术馆，2009 年，北京

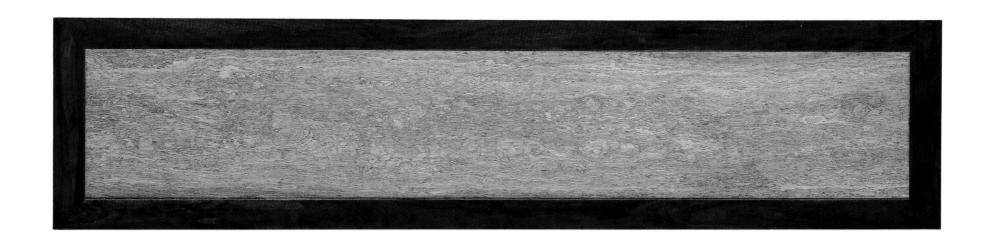

圆裹腿架几大画案（两张）

长 305 厘米　宽 92 厘米　高 83 厘米（之一）　长 334 厘米　宽 100 厘米　高 84 厘米（之二）

明式家具善用圆截面材料制器，传世的各类家具几乎都有"圆包圆"的经典之作，唯架几案多为方材。此圆裹腿画案设计于 20 世纪，造型独创，并制作过两张尺寸较小者。后来有幸获得此紫檀大料，故毫不迟疑地制作了这两件紫檀巨器。这两张大画案的管脚枨形式不同，一为直枨加矮老，另一为罗锅枨。画案整体造型浑圆敦厚，案面与架墩为分体式，便于搬运。除在造型上创新，在结构设计上也有独到之处，比如案面的垛边是由两根大料活插的，无钉、无胶，是对传统家具结构的拓展。这两件画案用料考究，通体遍布牛毛纹，生动活泼。画案是传统家具中等级最高的品种，这两件画案是迄今为止已知出版物中紫檀几案类家具中尺寸最大者，亦是作者极为满意的代表作，堪称重器。

材质：拉丁文学名 Pterocarpus santalinus

俗称：檀香紫檀

展览："家青制器——田家青作品特展"，时代美术馆，2009 年 8 月 20 日至 9 月 20 日，北京。

参阅：《明韵——家青制器》，三联书店（香港）有限公司，2006 年 5 月香港第一版，第 46 页。

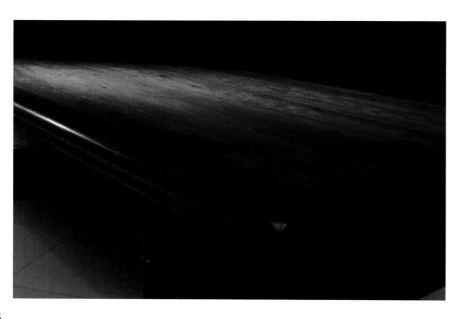

雕回纹大架几案

长 445 厘米　宽 68 厘米　高 91 厘米

此大架几案尺寸巨大，以气势雄壮见长，气派而不失典雅。紫檀面框，花梨面心，下设券口牙子架几，通体阴刻变体的古青铜器饰样。

材质：拉丁文学名 Dalbergia louvelii
俗称：大叶紫檀

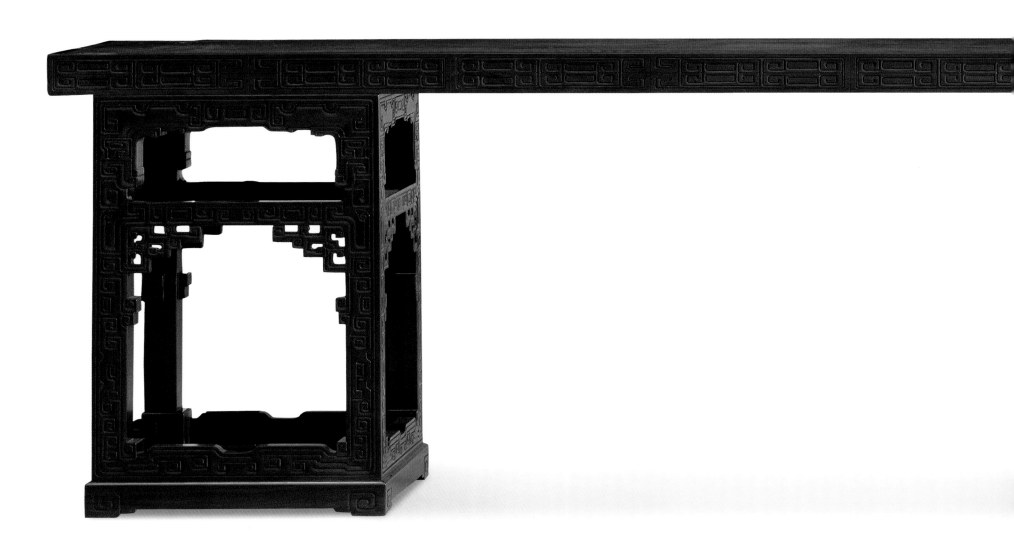

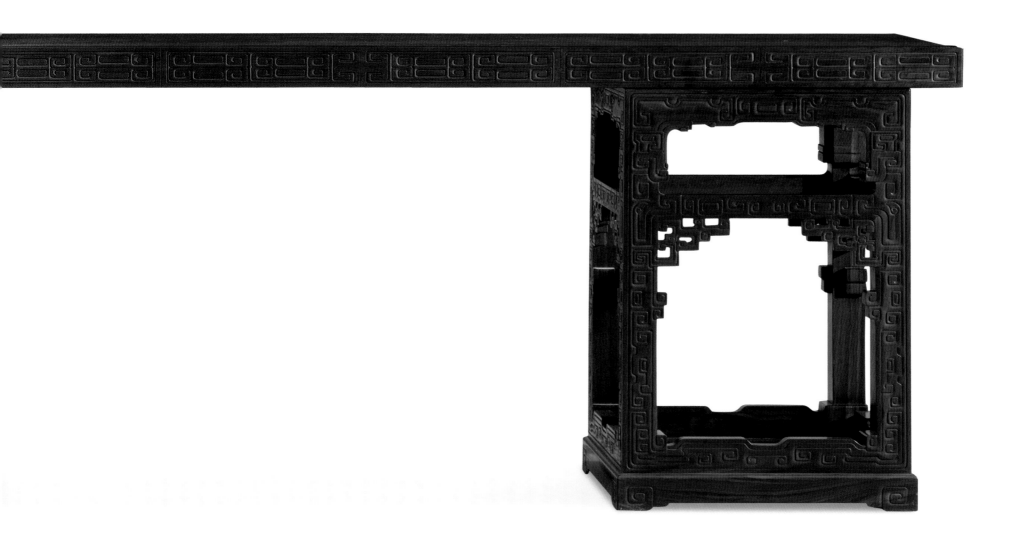

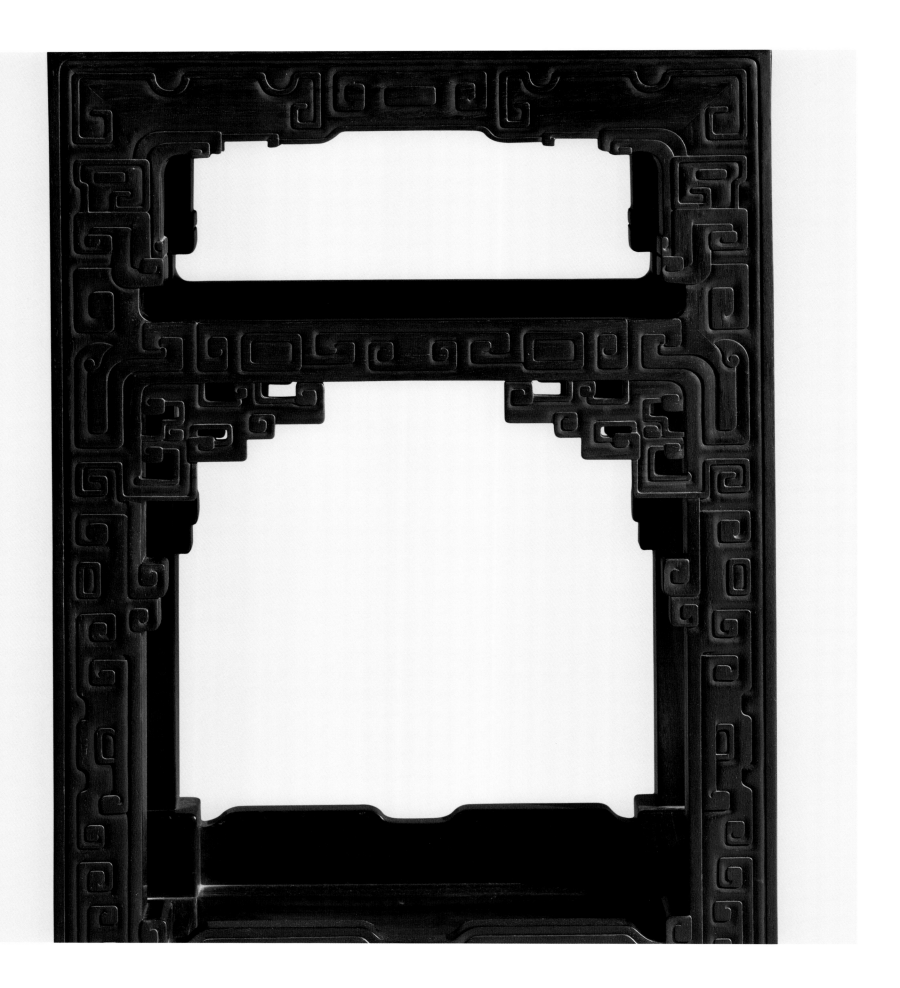

架墩式大架几案

长 340 厘米　宽 81 厘米　高 85 厘米

大案硕壮，气魄粗犷，全器未修饰任何线脚，以素颜衬托大花梨木褐色的沉穆之美。

两只架墩四侧任其空敞，下设卷足，犹如卷书，增文房器物之文气。此案结构看似简单，实全器整体与各部之比例推敲仔细至极，虽整体是以刚直为主题，而架墩横竖材的相交处均挖牙嘴，做出"委角"，柔婉过渡，微小细节有点睛之功，见真心机。

材质：拉丁文学名 Pterocarpus soyauxii
俗称：花梨木

二〇一五年，"在此——中国生活艺术之国家大剧院展"

理石面架几大画案

长 300 厘米　宽 120 厘米　高 82 厘米

画案简约，空灵，文气，陈设于书房有大气之美感。案面镶嵌大尺寸整片理石板、板材无瑕，天然生成的石纹富有现代感。明清家具中常见有图案的理石作为案面的实例，但理石图案多为象形的动物、山水纹，如此现代感的刚直线条则十分少见。石材如此现代，家具当然要设计得简约、明快，未有任何修饰，四面平结构。

材质：拉丁文学名 Pterocarpus soyauxii
俗称：花梨木

2009 年设计。架几内侧的横木下方镌刻"家青制器"款识及"囝"印记。

理石面罗锅枨双墩大画案

长 297 厘米　宽 122 厘米　高 82 厘米

新近之作"理石面罗锅枨双墩大画案"也是一例，案面嵌理石板，纹理顺直，清新明亮，富现代气息。大案壮硕，气魄粗犷，四腿八挓，落地沉稳扎实，罗锅枨下又设底枨，借鉴了建筑的大气之美。大案选材花梨木，造型大方，风格简约，得明式家具精神。此案虽大，但可以拆卸，搬运和组装并不费力。

中国古代家具与建筑，分属小木作和大木作，有各自的发展脉络，但又相互影响，尤其建筑对家具的影响更大，此案就是继承这种传统创新设计而成。

材质：拉丁文学名 Pterocarpus soyauxii
俗称：花梨木

明清家具中常见采用纹理漂亮的石材
作案面，图案多为象形动物、山水等，
而此块巨幅的理石板，图案为自然生
成的刚直线条，极具现代感，十分罕
见，颇为难得。

台座式托足大画案

长 368 厘米　宽 98 厘米　高 84 厘米

此画案在腿足上创新，两组腿足各由四根方材构成，其下安台座式托子，增加了大案的稳重感，与整体庞大而凝重的风格和谐统一。此案采用整块大板的巴西花梨木，整板面心有行云流水图案。大器引人注目的是整体，而此案的细节亦毫不含糊。纹饰简洁，唯牙头浮雕拐子纹。边抹与腿足中间均起"一炷香"线，典雅而不烦琐的创新之作。

大案主体
材质：拉丁文学名 Dalbergia louvelii
俗称：大叶紫檀

整板面心
材质：拉丁文学名 Pterocarpus soyauxii
俗称：花梨木

制作于 2010 年。

中华世纪坛，"器度——2015 艺术·家居大展"

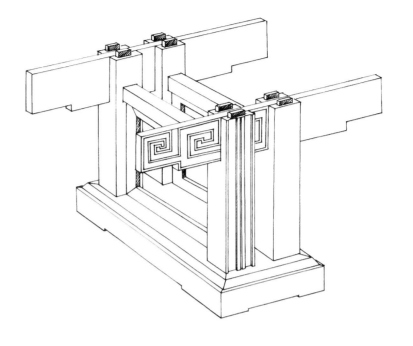

非洲乌木架墩翘头大画案

长 286 厘米　宽 83 厘米　高 80 厘米（两边翘头高 86 厘米）

将非洲乌木与铁力木结合，打造结构简洁、现代感强烈的现代大案，如新作"架墩翘头画案"，两个架墩和两端翘头，使用非洲乌木；独板案面，俗称"一块玉"，为上乘铁力木，花纹美观，整板无瑕疵，果真如一块玉。深沉乌木与浅色铁力，和谐搭配，线条明快，极富现代气息。

架墩式几案是传统家具中很重要的品种，但古旧风格式样很难与当今生活环境融合。此独板大画案是受到一件当代设计的小几的启发，难得的"一块玉"铁力独板与现代风相呼应，既有时代设计感，又保有中式家具的气韵和气度。

放下身段，走产品设计之路不失为一条可行的创新之路。

材质：拉丁文学名待考
俗称：乌木、铁力木

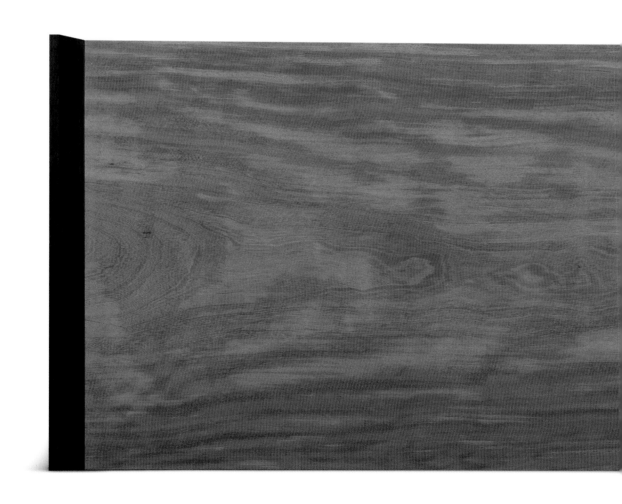

"方圆之间"大案

长 410 厘米　宽 100 厘米　高 82 厘米

棱角分明的独板方材为案面，传统设计中经典的椭圆材为腿足。前牙子正面镌刻徐冰书写的 "Harmonious blend with nature–dedication from Xu Bing to the creation of Jia Qing. Two thousand and fourtee" 寓意 "最懂与自然配合之道" （天人合一）。非洲花梨木飞云流瀑一般的自然纹理正是对此理念的直观展现。这件大案以 "天方地圆" 的结构打破了固有模式，传统元素的重新组合赋予了它新时代的气息。

材质：拉丁文学名 Pterocarpus soyauxii
俗称：花梨木

铭文镌刻：祝小兵
2014 年设计制作。

128

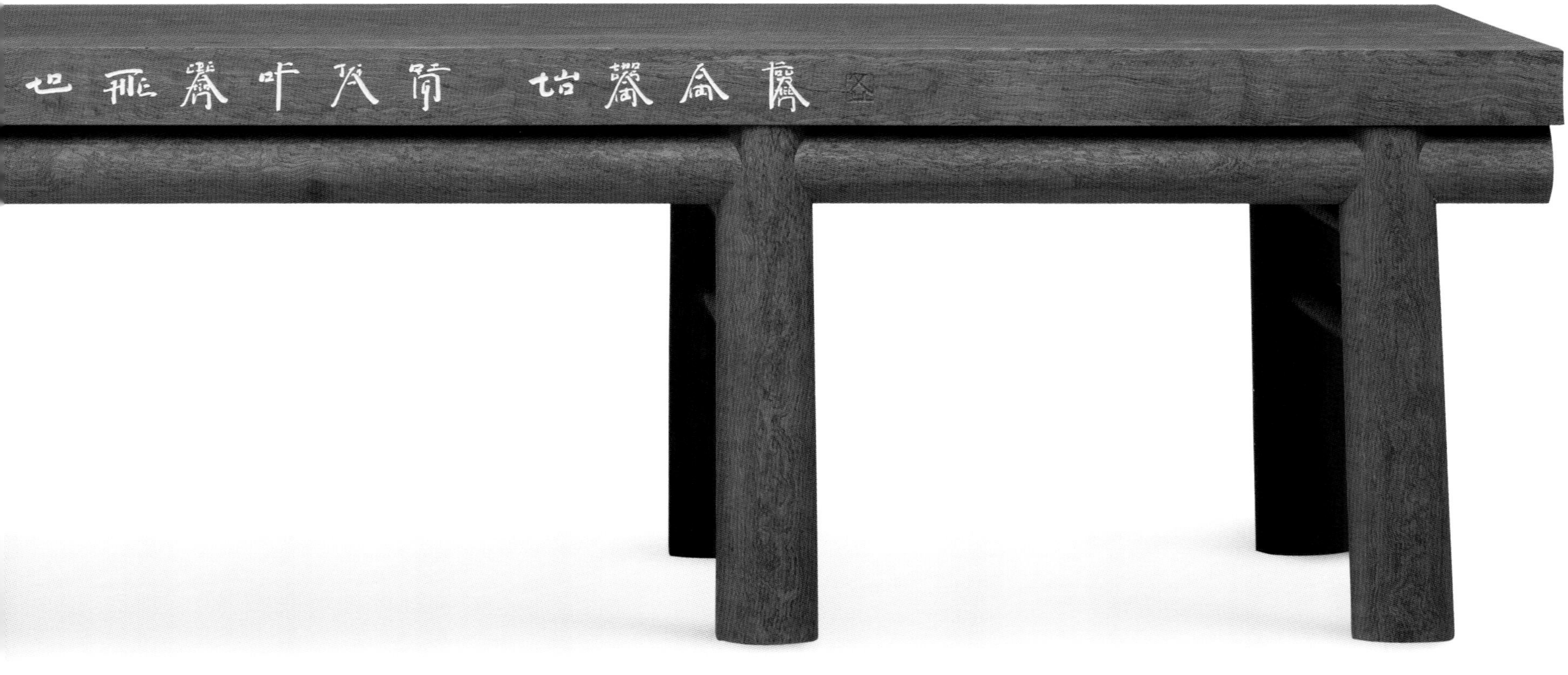

中华世纪坛，"器度——2015 艺术·家居大展"

方材打洼大画案及杌

大案　长 205 厘米　宽 94 厘米　高 82 厘米

长杌凳　长 80 厘米　宽 45 厘米　高 48 厘米

大画案与长杌为成套设计，均为方材打洼，攒牙头，腿足直截。设计者体会，案类家具腿足的侧脚
（俗称"挓"度）的拿捏十分重要，往往要在制作中根据感觉确定，是成功与否的关键之一。

材质：拉丁文学名 Dalbergia spp

俗称：黄花梨

奇思异想

多年与木头相交，日益喜爱，并日益发看到木料简直无所不能，也很愿意用木料为现代生活做些新贡献。

以下的多件设计作品，是设计者尝试多种设计思路及不同的观念。编入附录，姑且不论定其得失成败，而且其中有些也未能付诸制作。

S 型布面椅（模型）

将 S 形颠倒叠复，借其曲线蜿蜒，以宽布自上垂铺而为座面，随体适意。

材质：拉丁文学名待考

俗称：白木

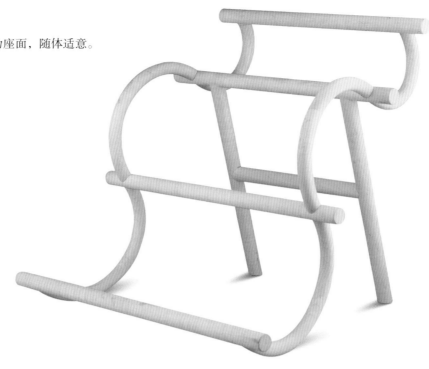

三角形小角儿（模型）

受到清宫内檐装修的壁瓶座启发，设计了此用几。

材质：拉丁文学名 Pterocarpus soyauxii

俗称：花梨木

全木钟（模型，尚未完工）

所有部件全部用木质纯手工制作，包括齿轮，意在展示木料和木工工艺无所不能。

材质：拉丁文学名 Dalbergia louvelii
俗称：大叶紫檀
材质：拉丁文学名待考
俗称：白木

圈椅靠背式躺床（模型）

长 52 厘米　宽 15 厘米　高 15 厘米

罗锅枨式圈椅乃最为经典的传统家具，作者通过变换圈椅的靠背、大圈、罗锅枨的
比例关系，转化为躺床的靠背、扶手及腿和顶靠背罗锅枨，设计制作了一件有传统
经典元素的新式样家具。

材质：拉丁文学名 Pterocarpus soyauxii
俗称：花梨木

2002 年设计制作。靠背后镌刻 "家青制器" 款识及 "囲" 印记。

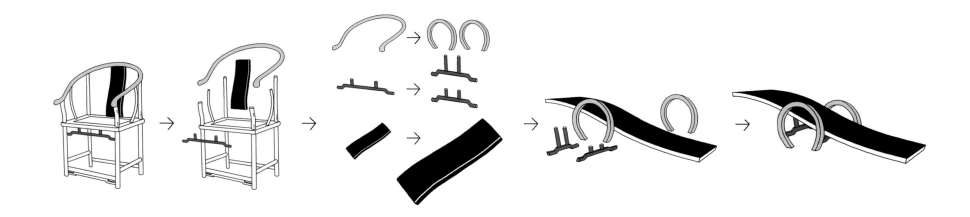

活插式躺椅（模型）

长 10 厘米　宽 5 厘米　高 9 厘米

怎样设计出一种造型极简又可以工业化大量生产、让普通民众能以极低的价格使用、同时又有艺术水准和明式家具精神的作品，是作者一直在思索的课题。此小椅只有三个部件，比"宜家"拼装家具还易组装，而且只要有曲木生产设备就可以大批量生产。

材质：拉丁文学名 Dalbergia spp

俗称：黄花梨

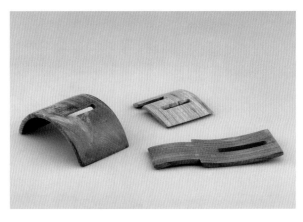

音响器材座

长 86 厘米　宽 60 厘米　高 66 厘米

用裹腿作结构，置音响器材于圆弧之上，使之与木架之接触点于衡稳中最小化，令音质有实质的改进。

材质：拉丁文学名待考
俗称：非洲白木

音箱架

高约 100 厘米

专门放置音响器材中的扬声器（音箱）的音箱架，方材结构，托带内隐凹凸斋符号，即设计者的工作室"凹凸斋"的标识。

材质：拉丁文学名待考
俗称：非洲白木

仿牌楼玻璃面方桌

长 100 厘米　宽 100 厘米　高 83 厘米

这件方桌是受当代新中式牌楼启发而设计打造的。

家具与建筑本就同源，从古典家具中可见到很多古典建筑的影子，用新思维使用中国传统建筑的某些独特的结构形式，再以新的思路加以变换、发挥、重组，可以设计出有时代感又具中式风格的家具，不仅可以创新，且这种家具天生会有建筑的宏大气势和独特魅力。

方桌在中式传统家具中数量最多，传世巨量，但形制仅有几类，且较为程式化。此方桌形制完全突破了传统式样，具有了信息时代的风韵而仍采用中式的榫卯结构：活插，无钉，无胶。

按照这个结构形式，还可以很容易地变换制成大案、香几，甚至床榻。

此外，此件家具其实只有两个标准部件：腿足和牙子，非常适合于大规模工业生产。

材质：拉丁文学名待考
俗称：非洲白木、非洲紫光檀

2017 年设计制作。

"田"房间里的十字桌故事

二十多年前，我工作的小屋仅有几平方米。由于当时年轻，精力旺盛，涉猎的领域也比较广泛，经常是几摊事齐头并进，编写《清代家具》、习书法、撰写英文论文、画图纸。这些事情各成体系，而书房里仅有一张条案，所有的资料都混在一起相当乱套，但小屋里又放不下其他的桌案。一夜，我突发奇想，若把两张条案交叉叠摆在一起，不就能形成五个独立的面儿吗？随后我便琢磨出结构，并试着打造出了一件"十字桌"。这是我纯粹从实用角度出发，为小书房量身制作的一张十字小桌。小桌中间摆放文具、工具书等办公用品，四端则各放一摊事儿，清楚明了。最巧的是，把它摆放在四方小房间内恰好组成一个"田"字，我就在自己这份"田"地中尽情鼓捣，穿梭于不同的实验"田"，十分得意。

此件十字桌只是想充分利用空间，将使用功能摆在了考虑的首位。同时又觉得这种形式很有意思，正是这种从实际需求出发的理念，让我在二十年前就已经做出了如今看来都比较前卫的设计。由此可见，设计并不是靠坐着空想憋出来的，创意靠的是积累。

王先生来我家看过这张十字桌，原本我还怕他说我这是抖机灵胡闹，可没想到王先生看过后颇为赞赏。

此文摘录于《和王世襄先生在一起的日子》，
生活·读书·新知三联书店，2014 年

十字椅（模型）

十字桌（模型）

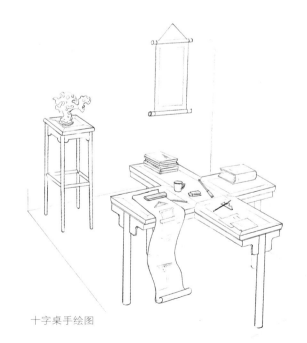

十字桌手绘图

木 緣

中国传统木工工具略说

［引言］

　　做木工活会让人上瘾，要不怎么历史上会有两位皇帝置江山社稷于不顾，成天沉溺于打造家具呢？其中一位尤为可爱，家具做好后，命太监拉到市上，得知卖掉了才开心。

　　其实，做木工活是个挺有意思的爱好，练手又练脑，看着薄得近乎透明的刨花从刨子槽口里打着卷突噜突噜地冒出来，心身俱爽。中式木工讲究以巧取胜，学木工会变巧。木工的关键是打造好工具，故特将对工具的感悟写了出来，在文章末尾，介绍了我使用的一些工具，并将制作、使用的诀窍无保留奉献，希望能与更多人士分享其乐。

　　如今的木工工具，不论是中国的还是外国的，大多都是工业化的商品，看上去锃光瓦亮、精密无比。相比之下，中国古时木工的工具则是木匠自制的，品种数量不多，看上去粗糙、土气。然而，用这些土造的工具制成的家具，精细程度并不逊色于现代家具，而且富含人情味，最绝的是用这类工具制作的木器也能有机器加工似的工整。若就家具结构进行对比，以严谨、机巧为评比标准，古典中式家具比现代家具更胜一筹，这里的奥妙之一就是自制工具起到的重要作用。

　　自制的工具，木匠可以根据自己的体形、手脚的生理结构和动作习惯，按照一般基本原则制作完全适合于自己使用的工具，这样的工具还可以在使用中不断地修整完善。木匠都知道，新制成的工具大多不很好用，经过一段时间的使用，不断调整改进，才能用得顺手，工匠称这个过程为"收拾"，就是工匠与工具之间的"磨合"。"收拾"出来的工具可达到出神入化的境地：锯木时，锯条会自动走直，不会锯偏（木匠称"跑锯"）；刨木头时，自然会刨平，且不费多大力气。用"收拾"出来的工具锯木、刨木简直是一

形态各异的墨斗

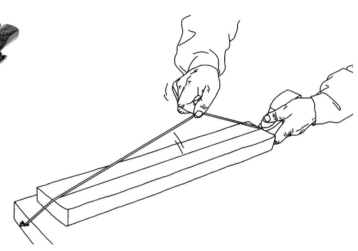

用墨斗弹线示意图

种享受。曾听有人说自己不善木工，手笨，锯不直，刨不平，其实这并不都是技术的问题，重要的原因是他所用的工具没"收拾"好。木匠一般不会把自己保养、修缮好的工具借给他人，有意思的是，有心眼的工匠大都有几件专供"应付"外人借用的破刨子烂锯，使得一些原本不笨的人产生自卑心理。同理，木匠也不愿用他人的工具做活计，因为用起来肯定不顺手。

自制工具的最大好处是对木匠有心理促进作用，它可以调动和激发工匠的创造意识、想象力和主观能动性。按照传统观念，一个好的木匠不仅要有精湛的制作技巧，更要具有无所不能的创造精神、丰富的想象力和锲而不舍、排除万难的勇气。制作工具，就是对其手艺和精神的直接检验，只要看看木匠所用的工具，行家就能大致判断出其手艺、艺术感悟力及创新精神。中国历来有形容木匠为"巧木匠"的褒语，此"巧"字用得极为恰当。以工具为例就能看到木匠的"巧"：木工基本工具不多，仅有十来件，但遇到不同的活计，随机应变，能很快制出得心应手的成套的专用工具。

其实，古时的木匠历来把木工工具归入家具类，工具和家具统称为"家伙"，每件工具就是一件小"家具"。想想这是对的，每件木工工具也都是用木料、铜、铁制成。木匠学徒一定要先学会制作工具，学会了工具的制作、使用和"收拾"，也就掌握了木工的基本操作方法。旧时，不少地方木工学徒出师的考核不是打造一件家具，而是要自行设计、选料、制作

形态各异的墨斗

形态各异的墨斗

出一件木工工具，常常是一个墨斗（木工画线用的工具），以造型美、结构合理、做工精细者为上，这只墨斗可能会伴随着出师的木匠风风雨雨地走过一生。这种传统做法的深刻意义在于随时激发工匠无所不能的信念和创造精神。有趣的是，由于每个工匠制作的墨斗都是"个性化产品"，样式不同，各具特色，传世的墨斗竟为收藏家们竞相追寻，成为古董、旧货市场上抢手的"文玩杂项"。

至于怎样才能把活计做精细，现今和古时的木匠心态也不一样，因为当今可以很容易地买到各种机器和量具，使人越发依赖于精密的机器以为精度的保证，以至于木工们都使用上了千分之一毫米精度的千分尺，可事实上，这样并不能保证把活计做得精细。其实道理特简单，因为木料不同于金属，它随气候的变化而变形，更会因加工使原有平衡的内应力发生变化而变形、曲翘。例如，一根原本平直的木料锯成两根，就算你线画得再准、锯得再直，锯开后可能会变成了两根曲翘的木条，让人干着急，束手无策。而古时工匠，不可能用上精密的量具，活计又必须做好，这就迫使他们发挥想象力和创造性，以"巧"取胜。这里，巧就巧在迎合木料的特性，用自制的十分简单且并不精确的工具，通过一些"诀窍"解决实际问题。例如，画线的工具中，有一种称为"勒子"的量具，它仅由一块小木头、几个钉子构成，形式上简单得不能再简单了，却解决了木匠活中要求最精密的画线问题，无论结构多么复杂的家具，不用笔，一个勒子就可完成全部部件的画线。观看训练有素的木匠用墨斗和勒子画线时，你会被他带入一个富于哲理的神秘世界，为其巧得绝门、巧得富有内涵而倾倒。

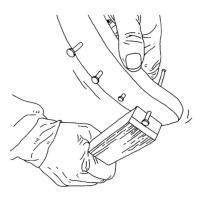

勒子

勒刀
用勒子和勒刀画线的示意图

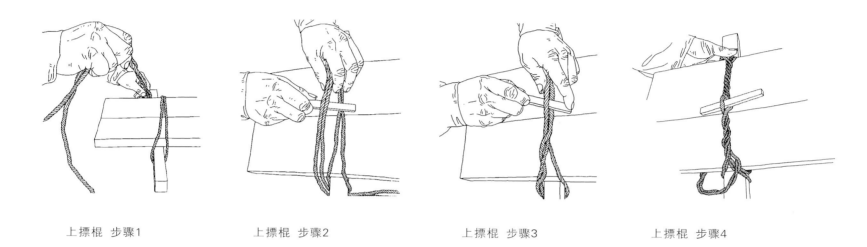

上摽棍 步骤1　　　　　上摽棍 步骤2　　　　　上摽棍 步骤3　　　　　上摽棍 步骤4

传统木工中薄片拼贴时摽棍摽绳的捆绑及紧固方法示意图

中国传统木工工具也是经历几千年演变而达至成熟、完美的境地的。看上去，木工工具不过就是用来将木料劈开、整平、截断，似乎算不得什么，其实不然。仅以开料为例，早期，人们为劈开一块木料，先要打进成排的铁楔，然后顺着裂痕将其硬撕扯开，后来，成排的铁楔演变为有齿的锯片，锯齿的形状和角度又一代一代进化。到明清时期，木锯锯齿的各种相关几何关系已经极为科学了，针对不同的木料及切割角度，有不同形状和角度的锯片（工匠称不同的"锯路"），锯木时会自动走直，又能顺利排出锯末，不夹锯，省力，效率还很高。如今，我们当然可以用电子计算机完成这种锯齿的最优化设计，但它涉及力学、摩擦学、磨损、润滑等学科，对专业科技人员都非易事。

在几千年发展演变中，因时代和地域的不同，中国木工工具出现了不同流派。到了近代，木工工种更为专业化，衍生出了不同的分支，如从事建筑的"大木作"，乡村中制造大车、水车、碾米机等农用工具的"大车铺"，制作各类小件箱、匣、座、托、灯座的"小器作"，以及制作家具的"桌椅铺"等。工匠们使用的工具虽然都是锛、凿、斧、锯、锉、刨六大类，但形式上有了很大的不同。自明清以来，制作家具的木匠又因所用原料不同而分成了制作硬木家具的所谓"细木匠"和制作一般木料家具的"柴木匠"，适合于加工硬木家具的成套的木工工具随之出现。这类工具是木工工具中最为精致奇特的，如锉具类的马牙锉、刨具类的糁刨等等。

直至今日，传统木工工具由于经济有效仍被广泛使用，它们可以解决某些机器尚不能很好解决的问题。更关键的是，用传统工具制作的家具富含人情味、有个性，与机械化的产品有本质区别，因此，对中国传统木工工具的研究，不仅是历史性和纯学科性的研究，也有一定的现实意义。

传统细木工工具制作纪实

制作中国传统硬木家具的细木工工具，在木工工艺中的重要性怎么说都不为过。遗憾的是，至今我们没有找到历史上留存至今的中国细木工工具的图纸以及成套的有研究和保留价值的细木工工具。

20世纪90年代中期，中国传统木工工艺面临了一个实质性的挑战。从那时开始，大量珍贵木材进入中国，制作仿古硬木家具逐渐发展成为巨大的产业。随着很多机械化生产工具的出现，为提高生产效率，传统木工工艺的异化现象越发严重，且最后一批硕果仅存的细木工老匠师都已年过花甲。在这个关键时期，我曾经以研究为目的组织调研和制作了两套传统的细木工工具：第一套是试验性的，参加了1995年香港三联书店《清代家具》首发式的展览；第二套工具完全是为了历史留存，是在第一套制作的基础上完善改进、特意制作的，不仅更为严谨，从用料到制作也更为讲究。

此工作从1994年到1997年，历时四年完成，历经调研、设计、绘制图纸、制作四个阶段。

一、调研。制作传统工具成功的关键是真实保持其古典风貌，包括用料、结构、式样及做工。

首先我们确定了以民国时期石惠老匠师的十几件工具的照片作为主要参照（实物已散失），这些照片是20世纪50年代王世襄先生拍摄保存的。同时着手进行广泛的调查研究，主要是查阅历史档案、书籍，走访专家学者、老匠人。曾组织过几次专题讨论会，征求了龙顺城鲁班馆老工匠陈书考、王更祥、祖连朋、武文祥等人的意见。这一段扎实严谨的调研工作使得我们对制作的具体路线有了清晰的思路。整理好调研资料后，终于在1994年12月制订出方案，完成了调研工作。

二、设计。先出草图，然后多方面征求意见，与一些老工具对比改进，最后完成了四大类传统细木工工具的手绘效果图，有凿、斧、刨、锯，共计37件。对于分歧之处，再反复征求老匠人意见。例如，榜刨和武钻等设计最终是通过查阅古籍记载而确定的，最后绘出了正式图纸。

三、1995年3月进入制作，历时三个半月完成。第一套用的木料是缅甸的新红木。这套工具主要由老匠师武文祥动手制作。传统工具用的金属件，例如凿、刨刀、斧、锯，都不是商店出售的机械商品，而是按旧时传统做法，由老铁匠手工打造。为此，去了保定清苑县玉盘村找到铁匠铺，委托老铁匠艺人按工具图进行手工锻打。传统的手拉钻旧时使用牛皮绳，不同于一般牛皮制品，宽度4毫米左右，厚度3毫米左右，长度不少于1米，必须保证一定的拉力，而且要柔软，韧性好，也是专门特制的。做钢丝锯的锯弓以及刮刀片，都是在农村找来材料制作的。第一套工具完成后参加了《清代家具》一书首发式的展览。

第二年，在此基础上，进行了完善、改进、提高。我自己动手制作了第二套工具，用了十条清代老红木方桌的腿子做木料，不仅用了更好的材料，亦用了更严格的制作标准。凿、刨刀、斧、锯等金属件在河南找到了更好的铁匠铺，由手艺更高的薛老铁匠打造。这是一套完全为历史留存而制作的工具，本文介绍的就是这一套。

制做硬木家具的老式工具

（木工部分）

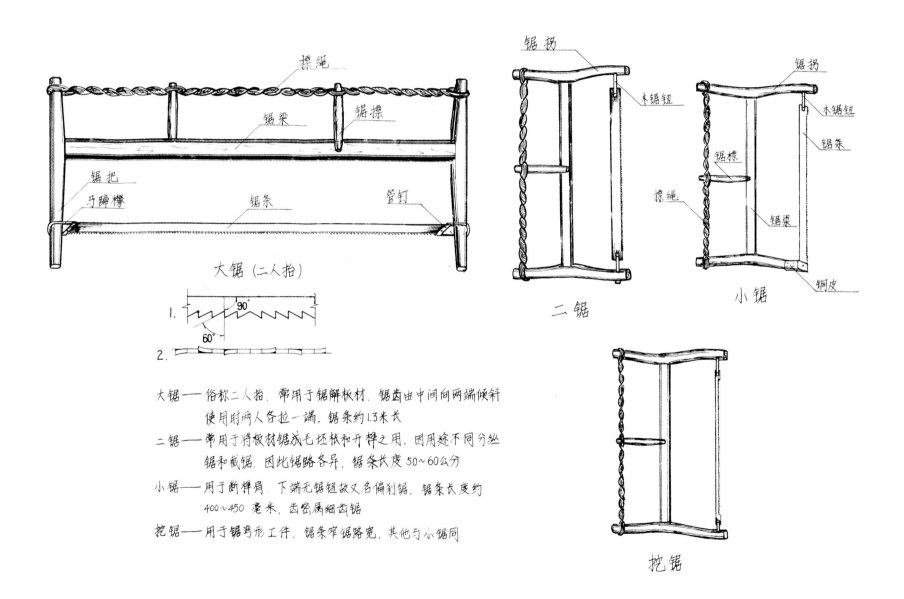

大锯（二人抬）

二锯

小锯

挖锯

大锯——俗称二人抬，常用于锯解板材，锯齿由中间向两端倾斜
使用时两人各拉一端，锯条约1.3米长

二锯——常用于将板材锯成毛坯帐和开榫之用，因用途不同分丝
锯和截锯，因此锯路各异，锯条长度50~60公分

小锯——用于断榫肩，下端无锯钮故又名偏刹锯，锯条长度约
400~450毫米，齿密属细齿锯

挖锯——用于锯弯形工件，锯条窄锯路宽，其他与小锯同

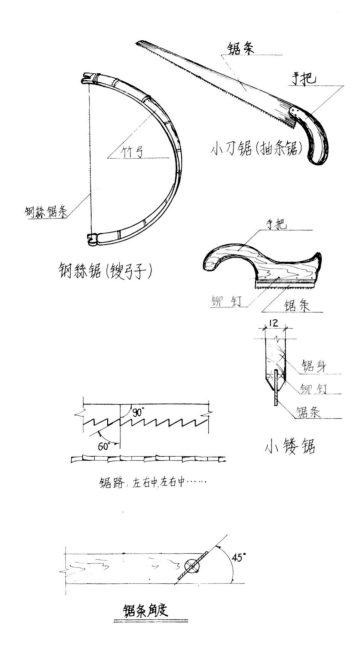

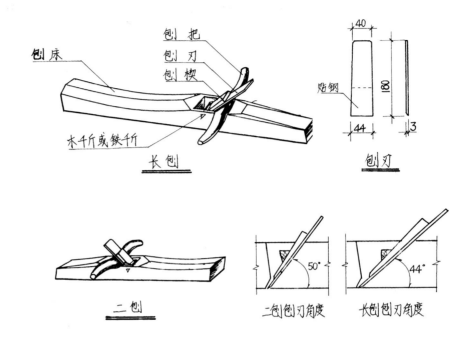

锯条

手把

小刀锯 (抽条锯)

竹弓

钢丝锯条

钢絲锯 (镂弓子)

手把

铆钉

锯条

小镂锯

锯身

铆钉

锯条

12

90°

60°

锯路: 左右中，左右中……

45°

锯条角度

刨把

刨刃

刨楔

刨床

木千斤或铁千斤

长刨

40

贴钢

180

44

3

刨刃

二刨

50°

二刨刨刃角度

44°

长刨刨刃角度

钢絲锯—— 又名镂弓子、竹板制成，锯条用细钢丝剁出齿刺
　　　　　故称钢丝锯，是雕刻工常用工具。

小刀锯—— 细长条形又名抽条锯，常用于组装时剁肩用，对
　　　　　于不宜普通锯伸进的地方用他就很方便，也可以
　　　　　锯开宽板

小镂锯—— 是串带开槽的必备锯，宜于横向在板上开槽
　　　　　锯条长度10～15公分

长　刨—— 用于拼缝，刨身规格550×60×45　刃宽1.8吋
　　　　　也有的将刨楔装到刨刃底下

二　刨—— 又名二虎头，常用于刨削部件，俗称"刮料"
　　　　　刨床规格450×60×45　刃宽1.8～2吋

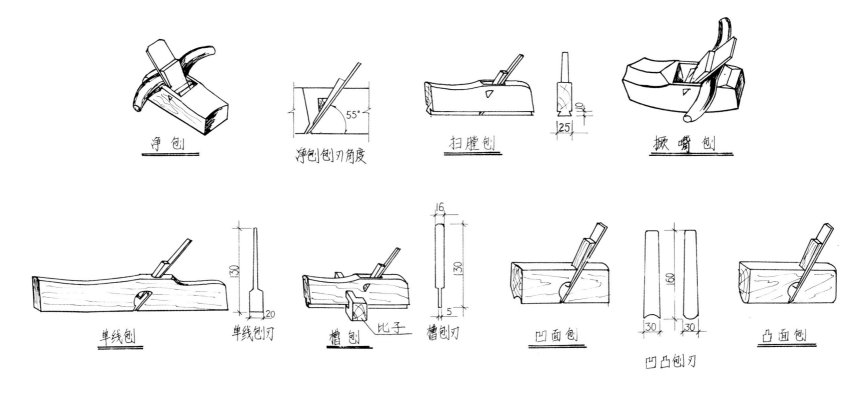

净刨　净刨刨刃角度　扫膛刨　撅嘴刨

单线刨　单线刨刃　槽刨　比子　槽刨刃　凹面刨　凹凸刨刃　凸面刨

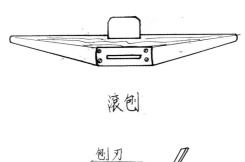

滚刨

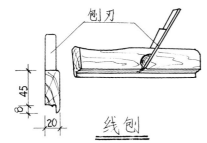

刨刃

线刨

净　刨——常用于净光板部件表面，刨床200×66×45 刃宽2吋

扫膛刨——常用于刨削清理串带沟槽内部底面，有的带推把，刨底做成燕尾状

撅嘴刨——弯刨，常用于刨削弯型板部件，如：椅子靠背板等刨刃角度同净刨

单线刨——常用于裁口和清理宽槽内部，刨身长400左右，刨刃略宽于刨身厚度

槽　刨——用于开槽，根据需要定刨刃宽窄常有1分，2分，3分不等的宽度，
　　　　　比子靠楔子紧固

凹凸刨——根据需要宽窄不等，常用于刨削表面凹凸的零件线型

滚　刨——用于刨削弯形零件，刨底镶铁口

线　刨——种类极多，根据线形需要形状各异(指刨底)，为处理木材饿顺连
　　　　　也有成对的线刨

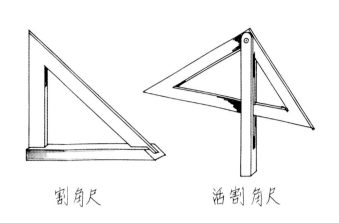

割角尺　　　　　活割角尺

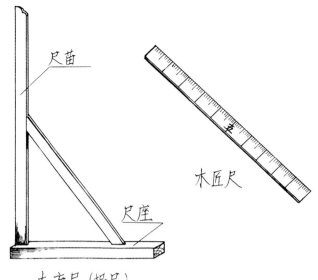

尺苗

木匠尺

尺座

大方尺（拐尺）

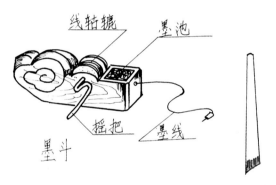

线轴辘　　墨池

摇把　　墨线

墨斗

划签（墨签）

角尺——俗称割角尺，用于划90°线和45°线，是划线重要工具

活角尺——是由一个螺丝将尺座和尺身连接的，可以划非90°角。使用时常将定好角度
　　　　　的活尺两处（互为90°的两处）一处划公，一处划母。

大方尺——又称拐尺，常用于核验工件组装后是否垂直方正。

木匠尺——简称木尺，一尺大约比裁缝用的布尺短6~7分

墨斗　——弹线用的工具，墨池内有墨水浸泡的丝棉，常用于锯解前的下料放线之
　　　　　用，也可做测量是否垂直的吊线之用。

划签——又称墨签，竹片做成，将薄的一端劈成细丝可以蘸墨划出细线，常将签头
　　　　　浸在墨池中

耪刨——用以将工件表面刮光，排齿刃部用镇刀镇出飞刃，宜于将硬木刮得很平很光

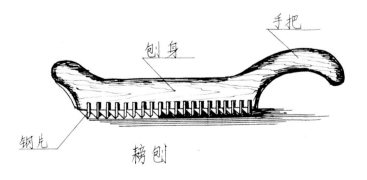

手把

刨身

钢片

耪刨

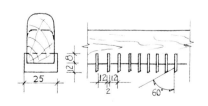

156

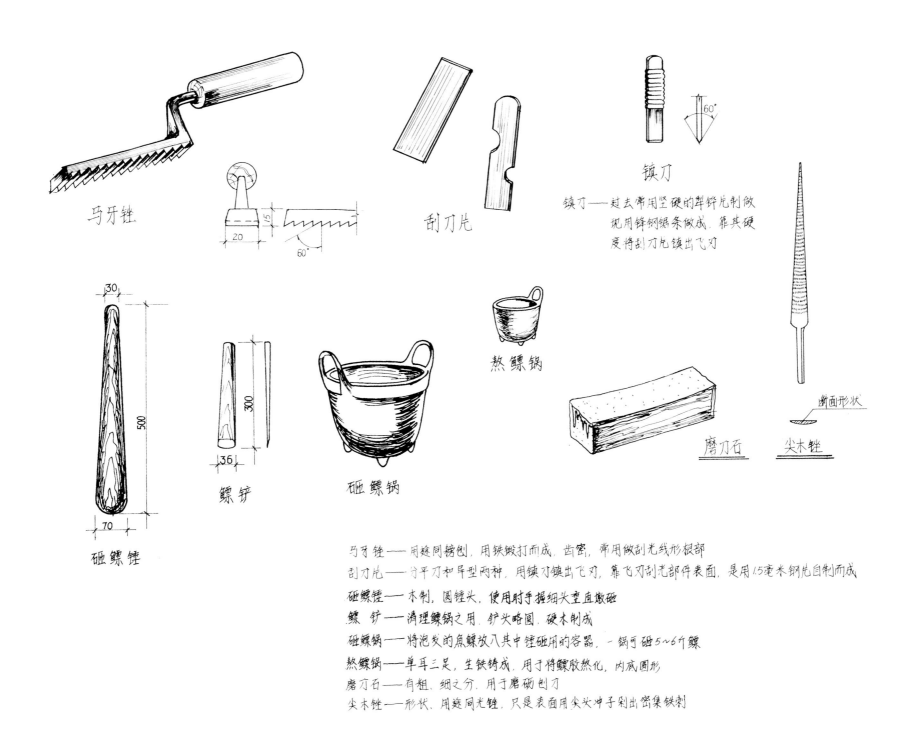

马牙锉

刮刀片

镇刀

镇刀——过去常用坚硬的犁铧片制做，现用锋钢锯条做成，靠其硬度将刮刀片镇出飞刃

60°

20 15 60°

30 500 70

砸鳔锤

鳔铲 36 300

砸鳔锅

熬鳔锅

磨刀石

尖木锉 断面形状

马牙锉——用途同榜刨，用铁锻打而成，齿密，常用做刮光线形根部
刮刀片——寸平刃和异型两种，用镇刀镇出飞刃，靠飞刃刮光部件表面，是用1.5毫米钢片自制而成
砸鳔锤——木制，圆锤头，使用时手握细头垂直墩砸
鳔　铲——清理鳔锅之用，铲头略圆，硬木制成
砸鳔锅——将泡发的鱼鳔放入其中锤砸用的容器，一锅可砸5~6斤鳔
熬鳔锅——单耳三足，生铁铸成，用于将鳔胶熬化，内底圆形
磨刀石——有粗、细之分，用于磨砺刮刀
尖木锉——形状、用途同光锉，只是表面用尖头冲子剁出密集铁刺

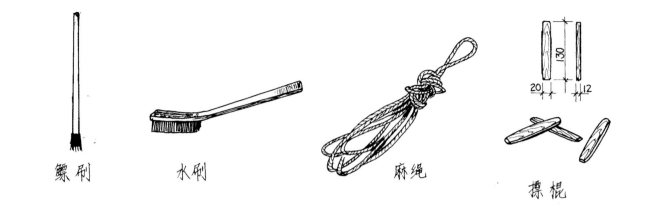

鳔刷　　　　水刷　　　　　麻绳　　　　　摽棍

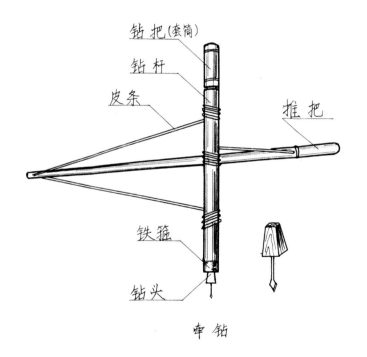

钻把(套筒)

钻杆

皮条

推把

铁箍

钻头

牵钻

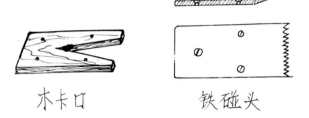

木卡口　　　　　铁碰头

鳔刷——将藤条泡湿砸劈一端成丝状，用以蘸胶抹于胶接部位
水刷——用于将多余鳔胶刷抹干净，常蘸水使用故名水刷
麻绳——筷子粗细，是组装胶拼时捆扎用的必要辅件
摽棍——将麻绳绞紧的配套家什，就像锯摽。
钻——靠牵拉作用转动，是钻孔工具，根据需要装换粗细钻头。
卡口——木板做成，用以刨削工件时抵料之用。
碰头——铁片做成，用途同木卡口

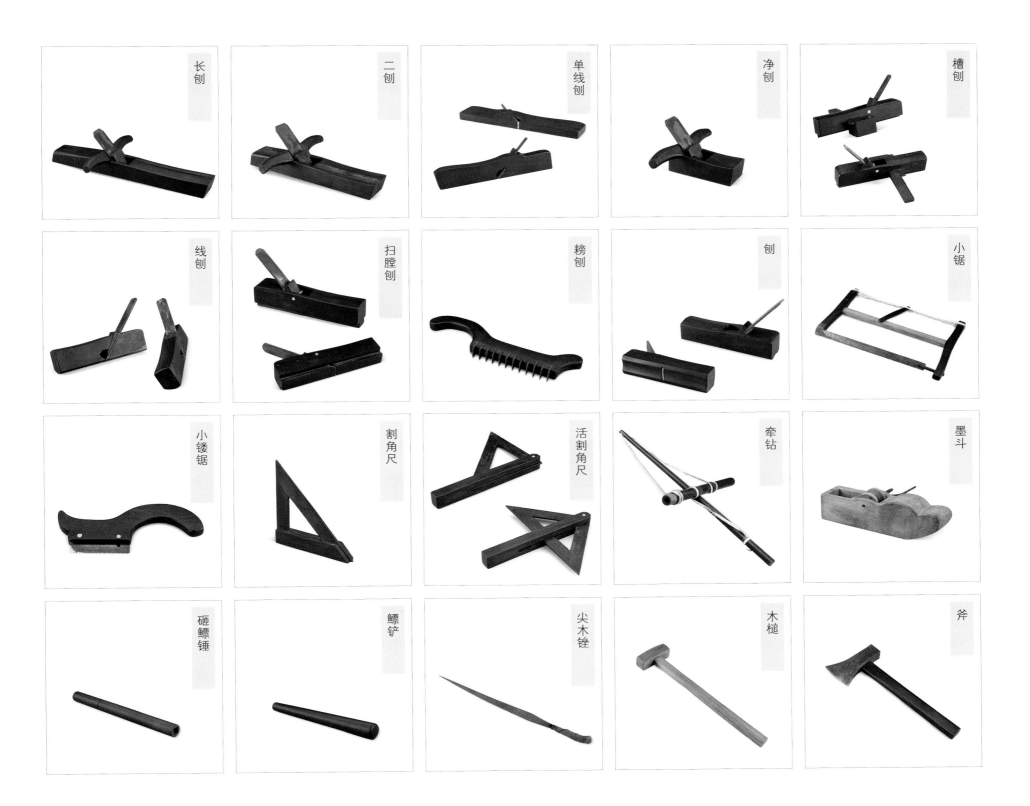

长刨　二刨　单线刨　净刨　槽刨

线刨　扫膛刨　耪刨　刨　小锯

小镂锯　割角尺　活割角尺　牵钻　墨斗

砸鳔锤　鳔铲　尖木锉　木槌　斧

159

基本木工工具及使用技法

基本木工工具有四件：刨子、凿子、锯、斧子，用这四个基本工具，就可以打造出任何你想用的特殊工具。

先说平木用的刨子。初级做木工活有三个就够了，一个是长的，称"长刨"，长40厘米左右，拼缝用；一个中号尺寸的，长30厘米左右，叫"二虎头"，平木用；一个小号的，长10厘米左右，叫净脸（净面），是最后找平、修光表面用的。这三种刨子的基本构造是一样的。下面从选材开始介绍。原则上讲，硬质、耐磨的木料都可用来做刨子，但唯一例外是刨子的选材万万不可用紫檀，紫檀木料虽然好，但是质地黏，俗称"黏滞""肉"，若用来做刨子，因摩擦力会很大，推刨起来很沉、很涩，而且会在被刨削的木头表面留下一条条一道道红紫的痕迹。我自己有两套刨子，一套是用老红木做的，还有一套是用柞木做的。老红木的这套刨子，木料来自于旧的红木方桌，打造得也很精细，可谓不计工本，看上去漂亮、令人爱不释手。但实话说这套老红木的刨子却没有柞木做的刨子好用。柞木虽是非常便宜的木料，但用柞木做刨子特别合适，推起来别提多轻快、多舒服了。以前，鲁班馆的老师傅也曾告知，用珍贵木料做的刨子并不好用，但大多硬木木匠也都备有一套硬木刨子，至少也用花梨木，其中很大的因素是顾脸面，做硬木家具活儿，拿一个柞木的刨子脸面上有点不好看。我打造的这一套老红木的工具也有这一心理。应特别说明：第一，做刨子用的柞木一定要选用中国产的老的柞木，而不是现在俄罗斯进口的柞木。老的柞木满布"柞线"，是非常硬的木筋，能起自然润滑作用，这也是柞木刨子好用的主要原因。第二，做刨床有一个窍门：刨底最好不要做成完全平的，前面和后面稍微往下弧一点。为什么呢？琢磨一下，刨底中间凹一点，当你用力推，刨子受到压力，木头会稍有变形，刨底就变平了，当然，这个凹度是极小的，要掌握好这个度。另外，刨子的把可按照你自己手的自然条件和习惯，既可以做成羊角式，也可以做成从刨床中间插过去的。每个人手的形状不一样，手的发力点和受力部位也不一样。做完刨子，反复试，哪块硌得慌，哪磨出泡来，哪块就有毛病，可以按照手形来修整，

刨削木料受力示意图

每个人的手形都不一样，受力也不一样，做完刨子试试，哪磨出泡来，哪有毛病修哪，总之以自己的手舒服为标准。

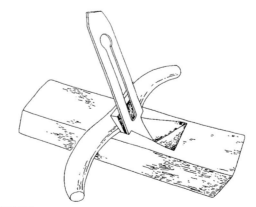

羊角把刨刀

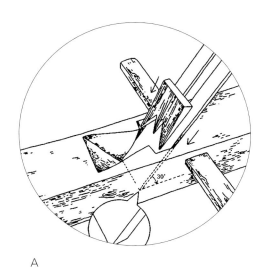

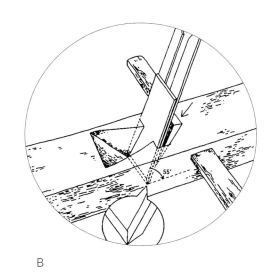

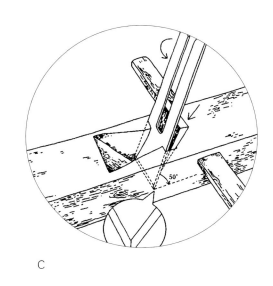

A   B   C

刨刀与刨刃之间的角度组图

A.较标准的用于刨削软木的放置，30度角，正置刨刀。

B.用盖刀压住刨刀，对付饯茬会有很好的效果。

C.最极端用于特别饯茬的木料，50度角，且刨刀反置。

我体会，一般刨木平木技术不太难，关键在于多动心思调整，是个细心的活。三米以上的长板拼缝属于绝技，非二三年苦工难以掌握，属高水准的技艺。

最终使做出来的刨子握着很舒服。总之，刨子和刨子把没有严格的式样要求。刨刀和刨床之间的角度，一般在35度到75度之间，角度越小，刨活时推刨子的力量越轻，用起来越快，但越容易饯茬。角度越大，刨活就越费力，但比较不容易饯木头。一般说，如果做软木活儿，因为木质较软，不太饯茬，可用低角度的刨子，而做硬木活儿，就要用角度高的。收拾好了的刨子应是握着舒服，推起来轻松，能顺着劲往前赶着走，刨花能顺畅地冒出来。手艺好的木工，在使用状态好的刨子刨削一般的软木时，可以在满刨程内，使从刨口冒出来的刨花薄到几乎半透明，打着嘟噜一卷卷滚着出来。在刨木中的常见问题有两个："塞刨花"和"饯茬"。刨子塞刨花，就像吃东西塞牙缝，非常难受，刨两下，刨花就把刨口糊死了，还得去掏，特别别扭。塞刨花主要原因是刨刃和刨床缝之间调整得不适合，或刨口的两边占堵，只要细心修整，肯定能解决，并不需太多的技巧。另一个在刨木时常遇到的麻烦是"饯茬"，比塞刨花难对付多了，轻者会"啃"坏木头表面，茬饯得厉害时能把木头表面一片片地都给撅起来，会伤及木

头很深一层。以前，有人说紫檀木表面有"豆瓣茮"，这竟成为判定紫檀木料的一个特征（似豆瓣酱一片片）。其实紫檀原木根本就没有这种表面特征，这纯粹是从未实践过的"鉴赏家"胡编的。这种特征往往是因加工刨削时饯茬造成的，紫檀内部受压挤，就像人的伤疤。打磨光就出现了表面所谓的"豆瓣茮"，对付饯茬有两个窍门：一、加盖刃，如果没有盖刃，把压木放在刨刀的后面，让刨刀立起来一点（见图B）。二、另外还有一个"偏方"：用软心铅笔，5B或者6B的，在刨木头之前，在刨刃口上抹满铅笔的痕迹，它会自然起到固体润滑作用，达到意想不到的效果。对较硬的硬木，在刨之前，可用湿布抹点水，涂在被加工木头的表面，能起到润湿和降温作用，有利于减轻饯茬。还有，如果实在太饯茬，真是"刀枪不入"了，最后一招就是把刨刃反过来装上再用，这样就绝对不会饯茬了。当然这样推起来特别费劲，严格讲这也不叫刨木而是刮木了，这种情况建议改用"耪刨"加工。

锯。一般传统木工需要用五个不同形式的锯，最大的叫二人抬式，两

161

个人一上一下，是开圆木、解料用的。干一般的活计，木匠有四个锯就够了，一个长约 80 厘米的，顺木纹锯的，主要做下料用。一个叫断锯，就是锯断木头的。最小的一个细齿的叫割肩锯，是开榫用的。还有一个是窄锯条的锯，用于挖圆，锯曲线。用锯关键的是要会收拾锯条，保证不"跑锯"，不夹锯条，排屑顺畅。"跑偏"是锯路没有调好的通病—锯不走直，走蛇阵，而且使用时特别累，更无乐趣可言。把锯收拾好了以后，锯能够自然地走直，你不用跟锯条较劲，顺着它走，锯沫哗哗地出来，一点都不会跑偏，别提多惬意了。图 a、图 b、图 c 标示了三种锯的锯路，但只是给了齿的二维斜度，三维的角度应是什么样，应怎么调整、怎么来修，读者自己慢慢琢磨体会吧，这里名堂很多，总之要下功夫，要用心想，反复试用。"磨刀不误砍柴工"，这句俗话用在收拾锯上再合适不过了，心急的糙人往往稍微收拾收拾就开始用，结果把人给累死也做不好活。

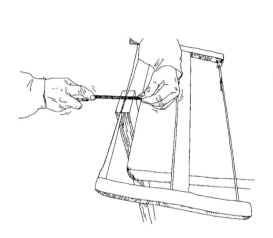

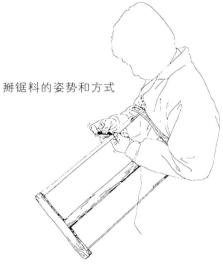

掰锯料的姿势和方式

传统木工伐锯方法

a. 锯路：左右，左右

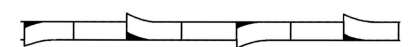

b. 锯路：左右中，右左中

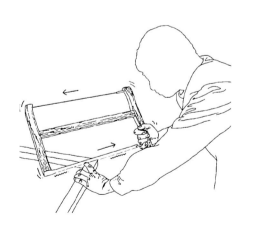

c. 锯路：左中右中左中右中

割肩的锯姿

平锯的锯姿

和刨木相似，用好锯的关键是细心和心思，技术本身并不太难。

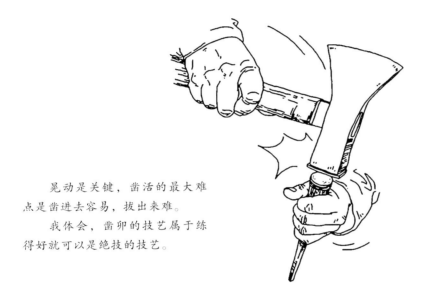

晃动是关键，凿活的最大难
点是凿进去容易，拔出来难。

我体会，凿卯的技艺属于练
得好就可以是绝技的技艺。

凿子。凿活的特点是斧子要抢得开、抢得劲大，但不能砸着握凿子的
手。记得当年老工匠跟我说过，曾见"武林高手"，三斧子抢下去，就能
"抢"（凿）出一个卯，听得我目瞪口呆。当然，前提是要求凿子拔出来
容易。凿活最烦人的是凿进去容易，拔出来难，因为木头有弹性，会伸缩，
一旦凿进去以后，就会吮住凿刀，就像钉子钉进去以后拔不出来。若要让
凿子好拔出，有两个绝门：一是斧子砸到凿子的同时，要稍晃凿子，这可

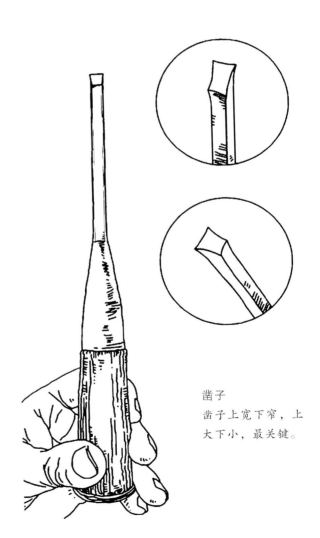

凿子
凿子上宽下窄，上
大下小，最关键。

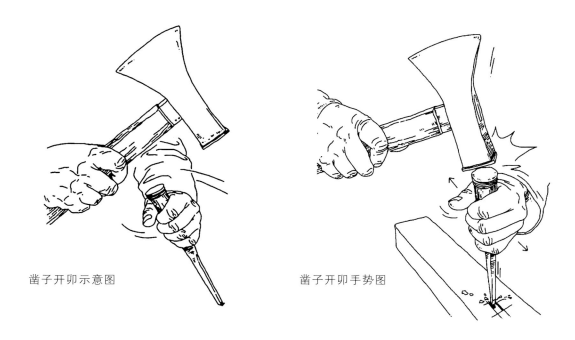

凿子开卯示意图　　　　　　　凿子开卯手势图

是真功夫，若没多少年的苦心磨炼也这么干，一准斧子砸在手上；二是认真修好凿子刃口，使之很锋利，并有合理的燕尾角度。

不必再多说细节了，只是你要慢慢琢磨下功夫练，反复修整就能使凿子好拔出来。当然，如果要求念书的人也练得像老工匠一样，三斧子就抡出一个卯是不太可能。但是你也别抡三十下都开不出一个卯，且每一下都拔不出凿子来，外带砸着手。只有通过实践，才能体会工匠说的三斧子能抡出一个来，那他的凿子得收拾得多舒服。

待基本方法掌握了，要练练架势，即全身动作的协调性、一致性和连贯性。真正的行家，只要站在一旁看一两眼工匠推刨子拉锯的动作和姿势，就能准确知道其技艺水准。"姿势优美，架势难得"是一句挺损人的北京老话，有调侃、挖苦新手动作生硬的意思，当然，对业余木工爱好者不能要求太高，但你应该有这种意识，别让动作太滑稽。总之，一旦有了爱好，定会体会到，做木匠活绝对练手练脑，能让人更细心，还特上瘾。

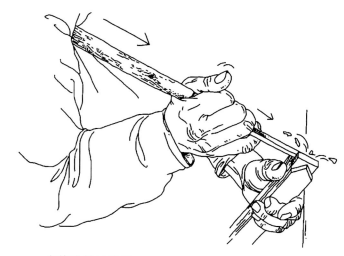

扁铲修榫示意图

实践证明，尽管现今有机械的各类木工机器，但手工用的锯、刨、凿子、斧子这四件工具仍在家具制作、建筑、装修等工程中有着不可取代的作用。即使历史再演进，我坚信它们仍不会被淘汰，起码作为人们最有意思的"玩具"，也会永远留存下去。

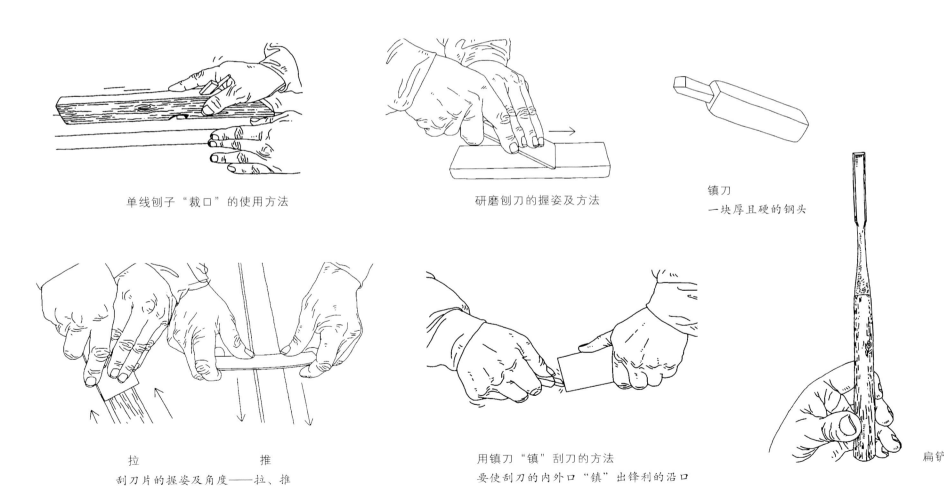

单线刨子"裁口"的使用方法

研磨刨刀的握姿及方法

镇刀
一块厚且硬的钢头

拉　　　　　　　推
刮刀片的握姿及角度——拉、推

用镇刀"镇"刮刀的方法
要使刮刀的内外口"镇"出锋利的沿口

扁铲

附 录 一

　　我将打造家具的心得体会写成了《榫卯间之思索》，邀请沈阳大学中文系主任孙熙春老师刻治巨印一方，以为纪念。

　　孙熙春先生是治印名家，师承冯其庸先生，文艺兼修，成就斐然。孙先生精选一方巴林冻石，高 26 厘米，印面尺寸为 10 厘米 ×10 厘米，印文是"榫卯间之思索"。刻治如此巨大的印章，是对篆刻家精力与体力的考验，孙先生不采用豪放一路来"遮丑"，而选择用朱文铁线来表现。此印布局精巧，线条遒劲有力，结体取法在赵之谦、吴让之之间，堪称铭心之品。更令人赞叹的是孙老师还在不用任何工具打稿的情况下，在印石的四面，直接操刀用精美小篆镌刻上了文章的全文，共计 509 字，神形精妙令人称奇叫绝。

共112个字

总共509个字

共133个字

共133个字

共131个字空4个格

榫卯间之思索

　　余事家具营造有年，心有所悟：家具营造，若追无间心手之艺、进乎技矣之境，且能触人眼耳身心之意，引人抚今追昔之思，难甚！世间艺事，莫不如此。

　　造型：家具造型，有简洁繁缛之分，无高下雅俗之别。简洁且能谐美，方可气韵生动；繁缛不失雅致，始能华贵脱俗。二者造极皆艰。

　　结构：中式木器，以榫卯构合，非胶钉是用。外表同式，内里异构。然榫卯内藏，为偷工耍滑者留下余地。年深日久，败絮其中者，必现于外；金玉其内者，诚心方显。器者，人也。

　　用料：俚语有云"人有三教九流，木分花梨紫檀"。然家具艺术水准之高下，非同于木料之贵贱，亦如书画之优劣，非关纸素，故识家常依木料异秉营造不同家具。如铁力木，虽纹理粗直，其价不昂，然远宜于其他名贵之才，以营造朴厚风格之家具。选料之要，在于近木表之第二层，"二膘皮"是也。愈近木心，材质愈劣，唯有"二膘"，纹佳质密。木之"二膘"，十居二三，故家具营造选用下一品之"二膘"，远胜上一品之"心材"！惜世人不知。

　　工艺：手工制器，精准且有韵者为最。手艺虽手熟而具，眼力则非力强可致。譬诸音乐，曲度虽匀，节奏同检，至于引气不齐，巧拙有素，虽在父兄，不能以移子弟。木器营造，所忌者"匠"，"唯俗不可医"，木器营造者平素若研习书法，加工诸如罗锅枨，自可去僵、去硬、离俗。

　　以上四者，虽为营造精品家具之要，然更进境者，应人格融于器，物我两忘。如此，方能开其宗，流其派。"高山仰止，虽不能至，心向往之"。

　　是为记。

家青　撰文

熙春　篆并刻

榫卯间之思索

命　运

这根黄花梨树桩是二十几年前购得的，运来之前，由于太粗大在当地就被切成了三片。

这段木桩是整棵树干的最下一段，属料质最好的一截儿，再往下就是树根了，树根盘枝错节奇形怪状，无法出材，而往上，料质就逐渐疏松了。

当年，黄花梨身价并不很高，类似这种桩料也曾有一定的数量，但当年这么大、这么好、油脂丰厚、香气浓郁的树桩也不会很多。经过这些年，这类桩料大都被用掉了。

在中国，黄花梨桩料的命运几乎相同。回想起来，随着中国经济的发展，对这些木桩料的使用也有着有意思的变化过程。

最早时，对如此形态的木料的使用方式是切成薄片（也就是开出板材）。以这三根料为例，算下来，可以开出十几片一厘米厚的薄板儿。而八张薄板儿就可以为一对柜子做出对称纹理的门心和两个侧帮面心。用这样料的一对柜子，比门心纹理不对称的价格要高得多，所以，当时一些黄花梨桩料就这样被用掉了。

我得到这个木桩后就产生了要善用的责任感。虽然当时也还能见到类似的树桩，但像这块这样个头、密度、油性、纹理都这么好、这么完美的少见，所以，我虽也曾动过心思用它打造一对大柜，但最终没舍得动手。

过了几年，随着社会经济的转型，出现第二波使用形式。为迎合市场产生更大的效益，商家不再用这样的桩料开板儿做柜子门了。在这期间，

黄花梨树桩　高147厘米

纹理对称的门心

图A

图B

图C

黄花梨在慢慢地涨价。各地的采矿业开始兴起冒出了一大批暴富的矿主，他们普遍文化水平不高，但其强大的购买能力引导着市场。这些人，因暴富而产生迷信心理，对吉祥寓意的雕像格外喜好。因此大部分的上等桩料被随形雕上福、禄、寿或佛像，变成了一件件大摆件儿（见图A）。这类黄花梨木雕，我见到过不少件，北京某拍卖行还展卖一件。当时，这样的一件东西已远比做柜门的收益大多了。第二波做法是当年对黄花梨桩料经济利益更大化的反映。对此类做法，我挺厌恶，当然更不会用这三个黄花梨桩去做这种俗器了。

自此以后，随着世人对黄花梨木料的认识和喜爱，黄花梨木料身价直线飙升，几年之间就涨了几乎近千倍，这可能是世界上任何一种大宗物质商品都从未达到过的增值速度。

随着黄花梨身价的倍增，它的制品又发生了变化。没人再舍得把如此名贵的木料用来切割和雕刻，取而代之的方式是依原有的形态抛光，再嵌上成百上千个用黄金打造的福、禄、寿字，满镶在原木之上（见图B），富翁喜爱在自家门厅放一件，这样的东西我见过的就有十余件。结果，

剩下的黄花梨木桩又被用了一些。这类物件曾风行一时，很多还被当作礼品，因黄花梨太昂贵，还有用鸡翅木来做的。但值得炫富的、值得作为礼品的，还得是黄花梨的，这使得黄花梨木桩几乎被用尽了。

在此之后，黄花梨在社会上的声望越发高涨。随着黄花梨被基本砍绝，社会上越来越多的人都想有件黄花梨器，没有足够的经济能力买大件就买小件，结果佛珠、手串儿盛行（见图C）。开始，佛珠、手串儿多用下脚碎料制作，时至今日，下脚碎料不够用了，更为了追求手串儿的珠子个大且纹理相同，都不再用小料，而是不惜用大料加工。一串好的手串儿，能卖到几万元且供不应求。而手串儿是机器加工，不需技术，工费几乎为零。到了这一时期，商人几乎不可能抵御如此的诱惑，剩下的桩料木材，很难再逃过这一劫。

深想起来，黄花梨桩料的命运正是二十年来我国社会变化的写照。它见证了价值观混乱岁月中的愚昧、低俗、攀比、张扬。与之相类，几十年来大量的珍贵硬木进入中国，可惜很多未得善用，用这些珍贵木料制作的大量俗恶的仿古家具还在败坏着中国传统家具的声誉。

艺以载道——田家青的中国家具价值观

刘 辉

抱肩榫结构：从外观看完全相同，但内部结构优劣可有天壤之别。

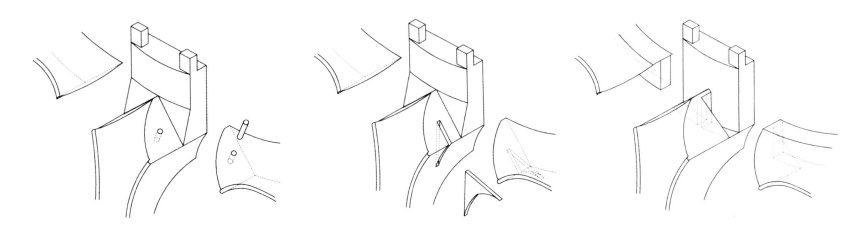

1.最偷手的做法：没有榫卯，造竹或木钉固定。　　2.较偷工取巧的做法：用夹皮代替榫卯。　　3.常规的榫卯做法。

按：在今年古典家具研讨会的一个空隙时间，本刊记者听到他聊了聊对中国家具价值观的理解，其观点与世俗不同，却发人深省。我们特整理此文，与读者分享。

对于中国家具的价值观，田家青很早就发表了他的观点，16年前，他在香港中文大学举行的明式家具国际研讨会上发表了评价明式家具价值七条标准的学术论文，后来刊登在英国 *Orientations* 杂志上，其中文版收录于《明清家具鉴赏与研究》一书，这成为日后学术界建立明清家具鉴定的评价标准体系的基础。

田家青认为，现在人们看待中国家具有一个普遍的误区：把材质看得太重，将家具的价值建立在了木材的珍贵程度上。其实，木材一旦做成家具，属性就发生了本质的变化：在做成家具的过程中，木材只要一破料，就是大料变小料、小料成碎料，木材不管多珍贵，家具的价值已经不直接取决于木材了。但市场上有这种糊涂的认识，这导致做不好家具的人就总爱拿木材说事：这木材是紫檀、黄花梨，它以后得升值，所以它做成家具就得升值。

"我觉得大家应把观念转过来，"田家青强调，"作为稀珍资源，紫檀、黄花梨一定会升值，这没问题。而一旦做成家具以后，升值的前提是做成

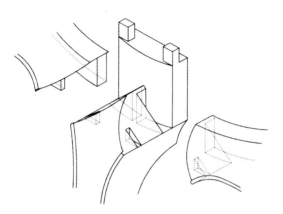

4.较好的作法：主榫卯之外加一小抱肩榫。

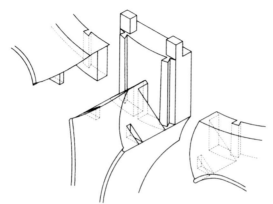

5.很地道的作法：加挂销。

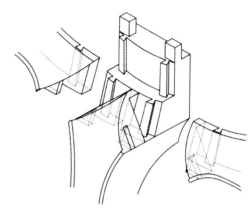

6.讲究的作法：加双排挂销。

家具的品质，这决定了它以后能不能真正有价值。一件造型俗恶的家具无论使用多珍贵的木材制成，其价值就像在不论多好的一张纸写上了一笔俗字就变成废纸一张！我特别希望大家能够想通这个理儿！"

那么现今制作的家具，其价值体现在哪里？首先，完全照仿的仿古家具你觉得有价值吗？在古人眼里仿得再好也是抄袭他们。而如今有些商家以"高仿"为荣，还能被社会接受，这实在令人难以理解。其次，对于新设计的家具，田家青总结了五条评判标准，他认为木材应该排到第五位，是最后、最次要的一个。

第一，家具能否承载人的思想、能够自成一派，尤其是体现人的创新思想、在历史上代表着一个风格，这是最重要的。

第二，家具是否成为艺术品。家具可以是实用品、工艺品，要成为艺术品、具有艺术价值，就达到了第二个要求。

第三，结构是否完美，是否科学。对此大家往往都不够重视，因为结构在里面，看不见，就给奸滑之人留下了无限的偷减料空间（图1~6），中国家具不靠胶不靠钉子，该点胶就点一点，靠的就是严谨的榫卯。

第四，工艺是否精湛。

第五，木材。只有前面四项都做好了，木材珍贵与否才真正有意义。如果前头有一项没做好，后面用多好的木材只是浪费；而且木料用得越贵，越可气，就更可恨，而且一旦做坏了，因为家具有榫卯，再珍贵的木材拆下来基本都变成小料了，再也不能改回去了。所以一定要把这个概念弄清楚：木材的升值，并不决定做成家具的价值必然随之升值，它有很多前提的条件。

人们在认识上还有一个误区。田家青曾在《榫卯间之思索》一文中分析：下料时如何选料比木料是否珍贵更具实际意义。一棵树，靠近树皮的一层木料质地最好，被叫作"二膘皮"，越是靠近树心的部分，材质就越差。"二膘"不仅质地细密均匀，纹理好，而且木性稳定，当然家具最好都是用"二膘"制作。只可惜一棵成材树上能开出来的"二膘"也就四分之一，其余的料包括很差的心材也会被人拿来制作家具。相比之下，用不甚珍贵的木料的"二膘"材制作的家具，远比用名贵木质的心材制成的家具要好得多，可惜这个名堂很多人不知道。

田家青以上述评判标准来简单地分析了明式家具的价值：

第一，明式家具创造了一个流派，有很深刻的核心理念，包括天人合一等，其中融合很多人的思想。

第二，线条流畅，比例关系和谐，完美得无可挑剔。它是经由文人指导设计的，就像书法作品一样是艺术品。

第三，中国家具历史发展到了结构上的集大成时期。榫卯变成一个体系，所以多少年来仍然不坏，还可以修理。

第四，精湛的工艺到现在仍然是无可挑剔的。

第五，有了如上的几个无可挑剔，用料既可以是黄花梨、紫檀，也可以是榆木、榉木，在真的藏家眼里，好的软木家具与珍贵硬木材制成的家具有一样的价值。

当然，人人皆希望用珍贵木材做的家具能成为艺术品。而决定家具艺术价值的是人，这个道理并不复杂。有人说：我的家具是老匠人做的，所以一定是好的。田家青指出这个认识并不全面：其实，从清末民国到"文革"之间是我国手工业的衰败时期。那个时代的工匠，由于历史原因，伺候的多是走马灯似的张大帅、李大帅，很难能安下心来做真正好的家具，他们是不能跟明代或清代康乾盛世宫廷造办处的工匠相提并论的。再有，实践证明：与各行业相同，最出成绩的多是中青年人，木匠岁数大了，固然经验丰富，但手眼都跟不上了。

其实，家具的好坏多不取决于工匠，工匠是听主东的，历史上，明式家具背后是一批晚明的追求文人气质的书法家和画家，而清代的宫廷家具背后是一批来自欧洲和清宫的画家。现在商业运作的情况下一般就是决定于开工厂的老板。一件家具就是老板个人的直接反映：他人很刁钻，家具上就会有偷手；欠缺艺术感悟力，做出的家具就会蠢、俗、呆，按老北京话就叫"怯活"。很难想象为营利而想方设法搞噱头、宣传运作的商家，能静下心来做出好活计。

早就知道田家青工作室的人都习练书法，有的写的字让当今有些"书法家"都汗颜。谈到此，田家青感触良多："书法，是综合艺术感悟力的一个体验，这是一个人综合修养的体现。我们研究室里的同仁，至少要求习练书法。"他发现，书法对培养人的艺术感悟力是一个潜移默化的过程；书法有法度，习练过书法就知道，任何事情不是能胡来的，书法有助于形成有法的概念，不仅生活中有法，艺术也有法度，不是拿块木头来就抡刀子动斧子；再者，家具的结构比例关系和书法的间架结构根本上是相通的，有些家具做完后，罗锅枨是拧着的，工匠如果很好地研习过书法，你让他做拧了都很难。

当然，田家青认为习练书法还是很初级的要求。木匠练练书法就行了，而设计者应该从东方与西方所有的艺术形式，包括绘画、音乐、舞蹈等各种艺术形式中汲取灵感，融会贯通。如果有时代的感悟那是最高的艺术感悟，能创造出一个新的风格，那就可以达到家具评判标准的第一条。

最后，田家青总结：对家具设计制作者最重要的一句话是"功夫在家具之外"。

感 言

很荣幸得到这个荣誉。借此机会，我想表达多年来对文化传承中一个现象的思考。

中国的传统木工制作工艺是古人创造、完善、发展起来的一门绝技，其基本的核心理念是：本着天人合一的思想，将木材当作人一样看待，达到物我交融的境界。运用这种技艺，可以用最容易得到的材料——木头，不用钉子不靠胶，制作出满足所有生活功能的各种器具，包括家具和建筑。

这样制作的明清家具中，有很重要的一个流派，是清政府为建立其正统地位，花了百年时间制作的宫廷家具，陈设于紫禁城、圆明园和其他一些皇家行宫园林。这些家具自成独特体系，在中、西方艺术家指导下，由选自全国的能工巧匠精心制作，在工艺技巧和审美层次上都达到了巅峰，具有特殊的文物价值和历史价值。这也是我致力于清代家具研究编写专著的原因。

但令人遗憾的是，自1995年清代家具这本专著出版之后，书中的一些作品，在全国各地出现了大量的复制仿造品，大多失神失型，有些丑陋不堪，工艺粗俗。这是当年我没有料到，也最不愿意看到的结果，而且这个现象二十多年来愈演愈烈。工艺和造型做不好，仿品的售卖就拿木料的珍贵说事，糟蹋了很多稀缺的硬木木料，导致有的珍贵树品接近灭种。

明清家具虽然辉煌，但它们毕竟是几百年前农耕社会的文明成果。人类历史已经跨越了工业化、电子化时代，到了当今的信息社会。除了在物质文明方面的进步，更重要的进步应是在思想意识水平上。照抄照搬古人，往浅里说是不思进取，使我们的文化粗俗化；往深里说，大量制作、普遍使用象征皇权的器物更是不符合时代潮流。我希望，关于如何继承中国传统文化，社会能有深刻的思考。我以为，最好的继承不应该拘泥于模仿形式，而应该遵循其基本核心理念，继而寻求发展。

能借此机会说出我多年关切的问题，谢谢。

此为2015年获"中华文化人物"，在颁授典礼上发表的获奖感言。

作者简介

田家青，男，1953年出生。多年潜心于古典家具研究，是享誉海内外的专家，其学术著作《清代家具》（三联书店（香港）有限公司，1995年中、英文版）是此领域的开创和权威之作。田氏注重理论研究与实践相结合，自1996年以来，开创了视家具为艺术品的创作实践，设计制作具有当今时代风格的传统家具，出版有《明韵——田家青设计家具作品集》。

主要论文

1.《三件珍贵的明清家具》，《紫禁城》杂志，1990年5月。

2.《明清家具鉴赏》，《中国文物报》1991年第22~29期连载。

3. A pair of Inscribed Ming official hat Armchairs（《一对刻有诗文的明式扶手椅》）《美国古典中国家具学会会刊》，1991年11月。

4. Appraisal of Ming Furniture（《明代家具鉴赏》），1991年在香港举行的明式家具国际研讨会上宣读，并发表于1992年1月 Orientations 杂志。

5. Early Qing Dynasty Furniture in a set of Qing Court Paiting（《由清早期的宫廷绘画看清代宫廷家具》）Orientations 杂志，1993年1月。

6.《明清家具收藏》，《收藏家》杂志，1994年创刊号。

7. Court Furniture of the Qing dynasty（《清代宫廷家具》），1994年12月在香港东方陶瓷会（The Orientalceramic society of Hong Kong）主办的明清家具研讨会上宣读，并发表于东方陶瓷学会第10期会刊（BulletinNO.10），1992~1994年。

8. Recent Observations on Chinese Traditional Furniture（《中国民间传统家具调研》），香港东方陶瓷学会（The Oriental ceramic society of Hong Kong）第11期会刊（Bulletin No,11），1994~1997年。

9.《中国古典家具精品介绍》，1996年9月在美国纽约苏富比公司（sotheby's）举办的国际研讨会上宣读。

10.《明清家具研究最新成果》，1996年9月应佳士德公司（Christie's）之邀在北京作专题演讲。

11. The artistry of Ming Furniture Construction（《明式家具结构的艺术成就》），1996年9月应台北中华文物学会之邀在台北演讲，并发表于 Important Chinese Furniture, New york, September19, 1996, Christie's。

12. A Brief Discussion of Early Collection of Ming and Qing Furniture（《老一代中国明清家具收藏家和收藏活动》），1998年刊载于《攻玉山房藏明式黄花梨家具》，香港中文大学博物馆（Chan Chair and Qin bench, The Chinese University of Hong Kong）。

13.《前言：中国古典家具与生活环境》，《中国古典家具与生活环境》，雍明堂，1998年。（Foreword, Classical and Vernacular Chinese Furniture in the Living Environment, Yung Ming Tang, 1998）。

14.《清代宫廷家具》，《明清家具收藏展》，台北历史博物馆，1999年6月。

15.《凹凸之乐》，《收藏家》杂志，1999年第34期

16.《明清家具修复例说》，北京《故宫博物院院刊》，1999年第8期。

17. The Art of Decorative Carving on Qing Dynasty Furniture, 发表于 Orientations 杂志，Chinese fumiture, Selected articales from Orientations, 1984-1999, p. 217.

主要著作

1.《清代家具》，三联书店（香港）有限公司，1995年11月。Classic Chinese Furniture of Qing Dynasty, Philip Wilson Publisher's, London, 1996. 管理局。

2. 任《钓鱼台国宾馆美术集锦》（The Art of Diaoyutai State Guesthouse）编委，并撰写明清家具藏品说明，钓鱼台国宾馆管理局，1997年7月。

3.《明清家具集珍》（Notable Features of Main Schools of Ming and Qing Furniture），中英双语版，三联书店（香港）有限公司，2001年7月。

4.《明清家具鉴赏与研究》，文物出版社，2003年9月。

5.《明韵——田家青设计家具作品集》（Enduring Resonance-Furniture Designed by Tian Jiaqing），精品版、英文版和特别版，文物出版社，2006年3月。

6.《明韵——家青制器》（Modern Ming: Furniture Designed by Tian Jiaqing），繁体中文和英文双版，三联书店（香港）有限公司，2006年5月。

7.《紫檀缘：悦华轩藏清代家具与珍玩》（Destiny with Zitan-Yue Hua Xuan's Collection of Fine Qing Furniture and Items），中文和英文双版，文物出版社，2007年1月。

8.《盛世雅集——中国古典家具精品》，紫禁城出版社，2008年1月。

9.《颐和园藏明清家具》，精装版、聚珍版，文物出版社，2011年3月。

10.《清代家具》（修订版），文物出版社，2012年5月。

11.《和王世襄先生在一起的日子》，生活·读书·新知三联书店，2014年5月。牛津大学繁体中文版，2014年6月。